Alfred Waize

Die Welt
der Schreibmaschinen

Tech 417/14

Stadtbibliothek
(01025768:26.03.99)
T:00388915

Stationen einer Entwicklungsgeschichte

Die Deutsche Bibliothek - CIP-Einheitsaufnahme
Die **Welt der Schreibmaschinen** : Stationen einer Entwicklungs-
geschichte / Alfred Waize. - Erfurt : Desotron-Verl.-Ges., 1998
ISBN 3-9803931-9-4

Zum Gedenken an zwei deutsche Schreibmaschinenkonstrukteure: Franz Xaver Wagner und Heinrich Schweitzer. Franz Xaver Wagner führte mit der Erfindung des Segments und des Zwischenhebels eine Wende im Schreibmaschinenbau herbei und konstruierte in den USA mit der „Underwood" die erste sichtbarschreibende Typenhebelmaschine. Heinrich Schweitzer übernahm das Underwood-Prinzip und konstruierte drei deutsche Schreibmaschinen, zuletzt die „Rheinmetall" in Sömmerda. Die Firma Rheinmetall in Sömmerda wurde mit ihrer Schreib- und Rechenmaschinenentwicklung zu größten Produktionsstätte von Büromaschinen in Europa. Sie brachte vielen tausend Menschen in Sömmerda und der Region für viele Jahre Arbeit und Brot.

© DESOTRON Verlagsgesellschaft
Dr. Günter Hartmann & Partner GbR
Erfurt 1998
Satz: DESOTRON Design Software Elektronik GmbH Sömmerda
Verarbeitung: Gutenberg Druckerei GmbH Weimar
Printed in Germany
ISBN: 3-9803931-9-4

Inhalt

Vorwort 7

1 Einleitung 9

2 Wie unsere Urahnen
  Texte herstellten und vervielfältigten 11

3 Die ersten Schreibautomaten
  erregen noch heute Aufsehen 16

4 Aus den Kindertagen der Schreibmaschine 20

5 In Tirol stand die Wiege
  der Typenhebelschreibmaschine 31

6 Der mühselige Weg zur ersten
  fabrikmäßig hergestellten Schreibmaschine 39

7 Die gute alte Schreibmaschine
  hat viele Geschwister 52

8 Schreibmaschinen mit
  unterschiedlichen Typenträgern 57

9 Franz Xaver Wagner und
  die Wende in der Schreibmaschinenentwicklung 61

10 Die „Underwood" - die Geburt der ersten
   sichtbarschreibenden Typenhebelschreibmaschine 69

11 Der Schreibmaschinenpionier Heinrich Schweitzer 74

12 Die „Rheinmetall"-Schreibmaschinenherstellung
in Sömmerda 87

13 Neuanfang 1945 bis zum Ende der
Schreibmaschinenproduktion in Sömmerda 98

Anhang

    1 Briefmarken zur Kulturtechnik Schreiben 106

    2 Der Schreibmaschinenbau
      in Deutschland ab 1900 107

    3 Tastaturen im Wandel der Jahrhunderte 133

    4 Die Übergangsperiode
      zwischen Schreibmaschine und Computer 138

Nachwort

    Wie Schriftsteller und Redakteure
    ihre Manuskripte anfertigen 141

    Literatur und Bildverzeichnis 143

Vorwort

Schon immer wollten die Menschen ihre Gedanken durch Bilder, Zeichen und damit durch Schrift ausdrücken. Sie fanden Werkzeuge, mit denen sie ein beschreibbares Material bearbeiten konnten. Zu den frühesten heute bekannten Funden zählen die in Felsen gemeißelte und auf Tontafeln geritzte Keilschrift, die Hieroglyphen und der Papyrus des alten Ägyptens, die Steindokumente der Antike sowie die Wachstafeln und der Stylos der Griechen und Römer. Im Mittelalter kamen die Pergamentschriften hinzu. Mit der Herausbildung der Schrift entwickelte sich auch das Material zum Beschreiben.

So plagten sich im Altertum die Menschen mit der Schrift herum!

Im Mittelalter schrieb man später mühselig mit der Gänsefeder.

In enger Verbindung damit stand die Entwicklung der Schreibgeräte. Es war ein weiter Weg vom Schlagwerkzeug im Altertum, dem Stylos der Griechen und Römer, der Gänsefeder und dem Griffel bis zur Stahlfeder und zur Schreibmaschine, zur Entwicklung von der Handschrift zur Maschinenschrift. Allein zwischen der Erfindung des Buchdrucks, der Schreibapparate und der Schreibmaschinen liegen vier Jahrhunderte. Als Gutenberg im Jahre 1450 die beweglichen Lettern erfand, bedeutete dies eine revolutionäre Umwälzung auf dem Gebiet der Schrift. Aber die größte Erfindung, das Schreiben mit einer Maschine, stand der Menschheit noch bevor. Viele Wege waren noch nötig, um die Voraussetzungen dafür zu schaffen.

Es gab viele Versuche, die Schrift auf mechanische Weise zu erzeugen. Doch ein brauchbares Gerät, einen Apparat oder gar eine Maschine zu bauen, war mit vielen Schwierigkeiten verbunden. Wichtige Voraussetzungen, wie etwa das Wissen über bestimmte naturgesetzliche Vorgänge oder die schöpferische Idee einer geeigneten Technologie, waren noch nicht gegeben.

1 Einleitung

Gutenbergs Buchdruckkunst hat die Welt, die Schreibmaschine hat die Kontore und die Sekretariate der Büros verändert. Seit über einhundert Jahren steht die Schreibmaschine als Arbeitsmittel zur Verfügung. Unsere Büros waren ohne sie nicht mehr vorstellbar.

Verblichen sind die Erinnerungen an die „gute alte Zeit", in der in den Kontoren die Schreiber mit Tinte und Feder arbeiteten und die „Stifte" die fertigen Schriftstücke mit der Kopierpresse fein sauber kopierten. In diese Welt brach die Schreibmaschine mit geradezu revolutionierender Wirkung ein und führte einen Umschwung der gewohnten Arbeitsweise herbei. Eine beachtliche Beschleunigung des Schreibvorgangs war die Folge, auch das Abschreiben und spätere Kopieren fielen weg. Die Schreibmaschine setzte sich bald überall durch und bestimmte als alleinige Büromaschine die Schreibarbeit. Sie ließ das „Einmann-Büro" zum arbeitsteiligen Büro werden.

Die Einführung der Schreibmaschine gegen Ende des 19. Jahrhunderts markierte einen entscheidenden Entwicklungsstand bei der Rationalisierung des Schreibvorgangs. Mit der weiteren Verbreitung der Schreibmaschinen fanden die Frauen Einzug in den bisher ausschließlich den Männern vorbehaltenen Bürobetrieb.

Im Verlauf der vergangenen einhundert Jahre ist eine Vielzahl verschiedenster Schreibmaschinen entwickelt worden und auf dem Markt erschienen. Fast jedes Modell hat seine eigene Ausstattung, seine Vorzüge und Nachteile. Die verschiedenen Konstruktionen entsprachen vielfach den besonderen Wünschen der Anwender, woraus sich insgesamt ein schwer überschaubares Bild ergibt.

Das 20. Jahrhundert und damit die Ära der Schreibmaschine als einzige Helferin bei der Schreibarbeit im Büro geht unweigerlich zu Ende. Damit ist auch ein Jahrhundert technischer Entwicklungen abgeschlossen. Bald werden keine Schreibmaschinen mehr hergestellt. In wenigen Jahren wird die Produktion der letzten mechanischen Schreibmaschine eingestellt sein, die elektrischen und elektronischen Schreibmaschinen werden folgen. Die Computer und die Textverarbeitungsprogramme übernehmen die Funktionen, die früher von Schreibmaschinen ausgeführt wurden.

2 Wie unsere Urahnen Texte herstellten und vervielfältigten

1

Wenn der Chef heute von einem Schriftstück zwei Kopien haben möchte, beauftragt er seine Sekretärin damit. Nichts ist leichter als das. Sie legt das Original in den Fotokopierer, drückt auf eine Taste, und in wenigen Sekunden fallen zwei gestochen scharfe Abzüge aus dem Apparat. Das war aber nicht immer so einfach. In Mesopotamien zum Beispiel fertigte man auf Tontafeln Abschriften von Keilschrifttexten. Diese Tontafeln wurden dann zur Sicherung mit einer beschrifteten und versiegelten Tonhülle umgeben.

Im Altertum und noch weit bis ins Mittelalter hinein mußten Schriftstücke von einem Schreiber sauber mit der Hand abgeschrieben werden. Diese Arbeit wurde oft von Mönchen verrichtet, welche die hohe Schreibkunst beherrschten und ihr ganzes Leben lang an Bibeln, Büchern und anderen Schriftstücken schrieben.

Seit dem Mittelalter machte man sich Gedanken darüber, wie man die Schreibarbeit erleichtern könnte. Für einen Kaufmann beispielsweise war die Anfertigung eines Briefes mit viel Mühe und einem großen Zeitaufwand verbunden. Zuerst fertigte er einen Entwurf an, dann die Reinschrift und schließlich noch eine Abschrift. So blieb es nicht aus, daß bald einige Erfinder nach einem Verfahren suchten, mit dem man das Schreiben beschleunigen könnte. Dabei dachten sie sicher schon an ein Werkzeug, welches das Handschreiben ersetzen würde.

„Es war im Jahre 1650 in Cölln am Rhein, wie damals die Stadt genannt wurde. Da war ein Schulmeister, der am Rhein spazieren ging und sich Gedanken machte, wie er für seine Schüler ohne große Umstände ein paar Zweitschriften herstellen könnte. Er bemühte sich redlich, seinen Schülern das Schreiben und Lesen beizubringen. Er wußte, daß Gutenberg mehr als zwei Jahrhunderte vorher, im Jahre 1455, die Buchdruckerkunst erfunden und eine ganze Anzahl Bücher hergestellt hatte, darunter auch die 32zeilige Bibel sowie die 42zeilige Bibel in kleiner gotischer Schrift. Doch die Handschrift konnte man immer noch nicht schnell verdoppeln. Bei einem Spaziergang am Ufer des Rheins kam dem Schulmeister eine Idee. Er besorgte sich eine Holzplatte, auf die er zwei Papierblätter nebeneinander anheftete. Dann schnitzte er aus einem Stück Lindenholz eine Griffvorrichtung und bohrte an beide Enden ein Loch hinein. Durch diese Löcher steckte er je eine Gänsefeder. Bevor er zu schreiben begann, tauchte er beide Federn nacheinander in ein Tintenfaß, faßte das Querholz in der Mitte, und fertigte in einem Arbeitsgang zugleich zwei Schriftstücke. Als er seine Erfindung seinen Schülern vorführte, war die Begeisterung groß."

Die „penna duplex", etwa um 1650

2

Aus dem 17. und 18. Jahrhundert sind uns einige Erfindungen bekannt geworden. Sie verfolgten den Zweck, Zweit- und Mehrschriften anzufertigen. Meist waren es Doppel- oder Mehrfachfedern, die man in einen Schreibmechanismus einsetzte. Doppel- und Mehrfachfedern wurden Polygraph (Vielschreiber) oder auch Pantograph (Allzeichner, Storchschnabel) genannt.

Der Nürnberger Georg Philip Harßdörffern, „eines Ehrlöblichen Beysitzers im Statt-Gericht zu Nürnberg", schilderte uns in seinem Büchlein „Der Philosophischen und Mathematischen Erquickstunden" aus dem Jahre 1653 ein solches Gerät: Im „Theil I: Von der Schreib- und Rechenkunst" berichtete Harßdörffern von einem seltsamen Gerät, das er „penna duplex" nannte.

3

Im Jahre 1762 machte der Graf Leopold von Neipperg auf sich aufmerksam. Er war Gesandter am Königlichen Sizilianischen Hofe zu Neapel. Damals verdiente sich ein Heer von Schreibern den Lebensunterhalt mit Abschreiben. Im diplomatischen Dienst war die Geheimhaltung der Schriftstücke Pflicht aller Beamten. Das war sicher ein Grund, warum der Graf von Neipperg ein Gerät erfand, mit dem er selbst Kopien anfertigen konnte. Seine neue Maschine nannte er „Jedermanns geheimer Copist, mittelst welcher man ohne Abschreiben sein eigener Copist wird" (siehe Bild S. 14). Der Kopierapparat bestand aus einem Rahmen für die Aufnahme des Papiers und einer Halterung für die Schreibfedern.

Seiner „Anweisung zum gemächlichen Gebrauche derselben" ist zu entnehmen: „... wodurch man mit weniger Mühe seine Briefe und Aufsätze auf einmal doppelt, und nach Belieben drey- und mehrfach, als so viele Urschriften mit bester Verwahrung des Geheimnisses, und großem Zeitgewinne auf einmal zu Papier bringen kann." Diese Beschreibung wurde 1764 in Wien gedruckt.

Beschreibung

der von dem

Grafen Leopold von Neipperg

dermalig=wirklichem Cammerherrn beyder Kaiserl. Königl.
Apostol. Majestäten, und Allerhöchst Ihro wirklichem
Reichshofrathe,

während seiner Gesandschaft

am Königl. Sicilianischen Hofe,

seit dem Jahr 1762.

erfundenen neuen Maschine,

benannt:

Jedermanns geheimer Copist,

mittelst welcher man

ohne Abschreiben sein eigener Copist wird,

oder

wodurch man mit weniger Mühe seine Briefe und Aufsätze auf einmal
doppelt, und nach Belieben drey= und mehrfach, als so viele Urschriften
mit bester Verwahrung des Geheimnisses, und großem Zeitgewinne
auf einmal zu Papier bringen kann.

Nebst

der Anweisung zum gemächlichem Gebrauche derselben.

WIEN,

gedruckt bey Johann Thomas Edlen von Trattnern
kaiserl. königl. Hofbuchdruckern und Buchhändlern, 1764.

„Jedermanns geheimer Copist" von Neipperg, Beschreibung

4

Die hier tatsächlich auch praktisch verwendeten Geräte zum Schreiben und Kopieren von Schriftstücken und Zeichnungen konnten jedoch nicht als mechanische Instrumente zur Bewältigung der zunehmenden Schreibarbeit angesehen werden. Es waren aber schon Versuche, Zweit- und Mehrschriften in einem Arbeitsgang herzustellen. Wenn auch bei einigen dieser Erfindungen schon die Bezeichnung „Schreibmaschine" auftauchte, wollten die Erfinder damit nur ausdrücken, daß man nicht nur mit der von Hand geführten Feder oder einem Stift zu schreiben vermag, sondern daß auch ein Apparat dazu in der Lage ist. Für die Entwicklung einer „richtigen" Schreibmaschine war die Zeit reif geworden. Es vergingen aber noch viele Jahre, ehe brauchbare Schreibmaschinen entwickelt wurden.

3 Die ersten Schreibautomaten erregen noch heute Aufsehen

1

Die Idee, Automaten für vielfältige Aufgaben zu entwickeln, ist sehr alt. Im 18. Jahrhundert wurden bereits Automaten in Form von künstlichen Tieren und in Menschengestalt, sogenannte Androiden, entwickelt. Einen der ersten gelungenen Versuche, das Schreiben mit der Hand durch einen Apparat zu ersetzen, stellten die vier Schreibapparate von Friedrich von Knaus aus den Jahren 1753 bis 1760 dar:

1753: Schreibapparat I. Der Apparat war ganz aus Metall gefertigt. In der oberen Hälfte des Apparates befand sich eine Wand mit Feder.
1758: Schreibapparat II. Er schrieb dreizeilige Phrasen automatisch in Fraktur-Currentschrift.
1759: Schreibapparat III. Er ähnelte dem Schreibapparat I und war aus Silber gefertigt.
1760: Schreibapparat IV. Dieser automatische Schreibapparat hieß die „Alleschreibende Wundermaschine". Dieser Apparat befindet sich in schreibfähigem Zustand im Technischen Museum in Wien.

Der Schreibapparat IV überrascht nicht nur durch seine ausgefeilte Technik, sondern besticht auch durch seine klassische Formschönheit. Er ist über zwei Meter hoch und steht auf einem etwa einem Meter breiten Sockel. In der aufklappbaren Kugel befinden sich der gesamte Schreibmechanismus, die Walzen und ein System von Hebeln. Auf einer Walze kann auf einem sichtbaren Alphabet ein beliebiger Buchstabe eingestellt werden. Durch das Nachziehen von Buchstabenkurven mit einem Metallstäbchen wird diese Bewegung über ein Hebelsystem auf die

Schreibapparat IV von Friedrich von Knaus 1760

Fuenfzig Jahre Technisches Museum Wien

Schriftprobe des Schreibappararts IV, angefertigt 1980 im Wiener Museum

federführende Hand übertragen. Diese Hand taucht in regelmäßigen Abständen eine Feder in ein Tintenfaß und schreibt den gewünschten Text auf ein Papierblättchen. Die Schrägschrift ist 9 mm hoch.

2

Weitere Versuche, das Schreiben und Zeichnen von Apparaten ausführen zu lassen, stellten die Erfindungen von Pierre Jaquet-Droz und einigen seiner Mitarbeiter dar. Die Automaten sind heute noch in Neuchâtel (Neuenburg, Schweiz) zu besichtigen. Sie stellen einen „Schriftsteller", einen „Zeichner" und eine „Musikerin" dar.

Der „Schriftsteller" ist eine kleine Figur, ein Kind von kaum drei Jahren. Es sitzt auf einem Schemel im Stile Louis XV. In seiner rechten Hand hält er eine Gänsefeder, die linke Hand stützt sich auf ein Tischchen auf. Die Augen des Kindes folgen den geschriebenen Buchstaben, die Bewegungen sind etwas abgehackt. Sein Gesicht ist aufmerksam.

Der ganze Mechanismus ist im Körper des Kindes untergebracht. Er besteht aus zwei Räderwerken, die abwechselnd in Gang gesetzt werden. Das erste Räderwerk befindet sich im oberen Teil des Körpers. Es dreht einen langen Zylinder mit einer vertikalen Achse. Ihre zwei Nockenwellen dienen dazu, die Hebel zu bewegen. Sie steuern die Bewegungen des Handgelenks durch Ellbogen und Arm in alle drei Grundrichtungen. Erst wenn der letzte Buchstabe geschrieben ist, kommt der Mechanismus zum Stillstand.

Die Gänsefeder in der rechten Hand des Kindes bewegt sich horizontal und vertikal. Sie kann daher die Buchstaben mit einem kräftigen oder einem feinen Strich schreiben. Bei jedem Nockendurchgang entsteht somit ein Buchstabe. Danach setzt ein weiterer Mechanismus ein. Er bewegt den Nockenzylinder nach oben oder nach unten. Die Länge des Weges bestimmen

Schriftprobe des „Schriftstellers"

Der „Schriftsteller"

auswechselbare Stahlpflöcke. Insgesamt sind zehn solcher Stahlpflöcke vorhanden. Sie nehmen einen Raum ein, der ca. 9 Grad entspricht. Jeder Pflock markiert die Stellung des Nockenzylinders. Das entspricht einem bestimmten Buchstaben oder einer bestimmten Handlung, zum Beispiel Zeilenwechsel, Eintauchen der Feder usw.

Der Mechanismus läßt sich so einstellen, daß der Automat jeden Text bis zu einer Höchstzahl von 40 Buchstaben oder Zeichen schreiben kann. Das andere Räderwerk hat die Aufgabe, die Bewegungen des Kopfes und der Augen zu steuern. Hierzu gehört auch noch ein Mechanismus, der den i-Punkt so verschiebt, daß er zum Schlußpunkt wird und den Automaten anhält.

4 Aus den Kindertagen der Schreibmaschine

1

Vor der Erfindung der Schreibmaschine

Bis zum 14. Jahrhundert beherrschten nur Geistliche und Mönche das Lesen und Schreiben. Zu dieser Zeit waren die Kaufleute noch nicht seßhaft; sie zogen mit ihren Waren von Ort zu Ort. Die Geschäfte wurden mündlich abgewickelt. Erst der Wandel zur Seßhaftigkeit und das damit aufkommende Kontor ließen es notwendig werden, schriftlich miteinander zu verkehren. Für den Kaufmann bedeutete die Anfertigung eines Briefes viel Mühe und großen Zeitaufwand. So blieb es nicht aus, daß sich Erfinder Gedanken darüber machten, wie sie die Schreibarbeit erleichtern könnten. Man suchte nach einem Werkzeug, welches das Handschreiben ersetzen sollte.

Im allgemeinen wird der Beginn der Schreibmaschinenerfindung mit dem Jahr 1714 angegeben. In diesem Jahr erhielt Henry Mill (1680-1771) in England ein Patent auf „eine Maschine oder künstliche Methode, einzelne Buchstaben oder Wörter auf Papier oder Pergament zu schreiben."

2

Die ersten Versuche galten den Blinden

Nach ersten Versuchen im 17. und 18. Jahrhundert, mit einfachen Schreibgeräten und Apparaten die Schreibarbeit zu erleichtern, mehrten sich in den folgenden Jahrzehnten die Bemühungen vieler Erfinder, Schreibapparate für unterschiedliche Verwendungszwecke herzustellen. So entstanden Apparate und Geräte für Blinde und Schreibmaschinen für Sehende. Ärzte, Pfarrer, Buchdrucker, Juristen, aber auch Uhrmacher und Mechaniker beschäftigten sich mit der Aufgabe, Schreibmaschinen für Blinde zu schaffen. Damit wollte man ihnen ermöglichen, anstelle der umständlichen Handschrift, mit Hilfe einer Maschine durch wenige und einfache Handgriffe schnell Schrift zu erzeugen und Schriftstücke herzustellen.

So entstanden die mannigfaltigsten Blindenschreibmaschinen. Alte Patentschriften, aber auch sorgfältig gehütete Apparate in Museen legen noch heute Zeugnis davon ab, mit welcher Mühe die Blindenschreibmaschinen gebaut wurden.

Die erste Nachricht über eine Schreibhilfe für Blinde stammt aus dem Jahre 1575. Es handelte sich um ein mechanisches Schreibgerät des Italieners Rampazzetto. Weitere für Blinde bestimmte Geräte wurden in der zweiten Hälfte des 18. Jahrhunderts entwickelt. 1779 baute der aus Preßburg stammende Mechaniker Wolfgang von Kempelen für die erblindete Enkelin der österreichischen Kaiserin Maria Theresia ein Schreibgerät. Aber erst zu Beginn des 19. Jahrhunderts wurden Blindenschreibmaschinen entwickelt, die praktische Bedeutung erlangten. Bekannt wurde die Blindenmaschine des Italieners Turri aus dem Jahre 1808. Diese Maschine war schwer zu handhaben; bei längerem Gebrauch ermüdeten sehr bald die Hände. Mit jener Maschine wurden Briefe angefertigt, die im Staatsarchiv in Reggio aufbewahrt werden.

Mit der beginnenden Industrialisierung waren viele Erfinder bemüht, Schreibmaschinen für den praktischen Gebrauch zu entwickeln. Die zeitraubende Handschrift sollte durch eine Maschinenschrift ersetzt werden.

Im Jahr 1829 stellte der Amerikaner Burt eine Schreibmaschine aus Holz her, die er „Typographer" nannte. Sie war die erste Zeigermaschine, die praktische Verwendung fand. Im Londoner Museum ist eine Nachbildung des zweiten Modells vorhanden, die 1829 angefertigt wurde. An der Vorderfront des Holzkastens befindet sich ein Ziffernblatt mit Zeiger. Die römischen Ziffern reichen von 1 bis 16. Der zu beschreibende Papierstreifen wird quer über die Maschine gelegt. Er bewegt sich bei jedem Typenabdruck weiter. Der „Typographer" schreibt zeilenmäßig bereits Klein- und Großbuchstaben. Die beiden Umschalter und die beiden Typenreihen befinden sich an der Unterseite des Segments. Der Buchstabe muß durch eine Tastenstange niedergedrückt werden, bis die Type zum Abdruck kommt.

3

Nun kamen Schreibmaschinen für Sehende hinzu

Zu den ersten Schreibmaschinen, die für Sehende gebaut wurden, zählt die um 1830 der Öffentlichkeit bekannt gewordene „Schnellschreibmaschine" des badischen Forstmeisters Freiherr Karl von Drais, der auch der Erfinder des Zweirades war. Von dieser Erfindung ist eine „Beschreibung und Illustration der Schreibmaschine" aus dem Jahre 1832 vorhanden. Hier wurde zum ersten Mal das Wort „Schreibmaschine" verwendet.

Freiherr von Drais fertigte eine Maschine aus Holz an. Sie hatte 16 quadratische Tasten auf der Oberseite. Ein Uhrwerk bewegte einen Papierstreifen. Karl von Drais war der erste, der Tasten für seinen Schreibapparat verwendete und einer Walze den Papiertransport überließ. Diese Schreibmaschine dürfte schon um 1820 erfunden worden sein, aber erst 1831 trat von Drais damit an die Öffentlichkeit.

Der Franzose Progin, ein Buchdrucker aus Marseille, verwendete für seine 1833 erfundene Schreibmaschine mit dem Namen „Plume Kryptographique" einen doppelten Hebelkorb mit Oberaufschlag. Seine Maschine hatte 66 im Korb angeordnete Typenhebel, mit denen er 132 Buchstaben und Zeichen schreiben konnte. Der Oberaufschlag ermöglichte eine Schrift, die sofort für den

Schreibenden sichtbar war. Progin verwendete Typenhebel, die gleichlang in Kreisform angeordnet waren. Die Schreibmaschine gilt als erste nachweisbare Typenhebelschreibmaschine.

Von großer Bedeutung für die spätere Entwicklung war die Schreibmaschine des Amerikaners Charles Thurber aus dem Jahre 1843. Er nannte seine Maschine „Patent Printer". Sie besaß ein großes, waagerecht angebrachtes Rad. Am Rand dieses Rades waren hoch hervorstehende Tasten vorhanden. Die Typen befanden sich an der Außenseite des Rades. Vor jedem Anschlag mußte das Rad an die entsprechende Abdruckstelle gedreht werden. Der Abdruck erfolgte auf das über eine Walze gespannte Papier. Mit dem Gerät konnte man 26 große Buchstaben, 19 Ziffern und Zeichen schreiben. Zur Einfärbung der Typen diente eine Farbrolle aus Filz. Ein späteres Modell erhielt anstelle der Walze einen flachen Papierträger.

In der ersten Hälfte des 19. Jahrhunderts traten noch weitere Erfinder mit ihren Schreibgeräten und Druckapparaten hervor. Für die Weiterentwicklung der Maschinen blieben sie jedoch ohne Bedeutung.

4

Die ersten Versuche für eine fabrikmäßige Herstellung

Mit Versuchen, Schreibmaschinen zur fabrikmäßigen Herstellung zu entwickeln, beschäftigten sich bis zum Jahre 1873 viele Erfinder. In dieser Zeit setzte eine Periode intensiven Suchens und Forschens ein. Im dritten Viertel des 19. Jahrhunderts wurden durch den langsam ansteigenden, dann immer stürmischer verlaufenden Siegeszug der Technik viele Erfinder angeregt, den Schreibvorgang durch eine Maschine herzustellen. So mehrten sich die Versuche zur Herstellung von Schreibmaschinen. Die Erfinder dachten aber noch nicht daran, daß ihre Schreibmaschinen einmal in den Büros von Verwaltungen und Kaufleuten stehen und den „Secretaire" verdrängen würden. Oft hatten sie nur das Ziel, erblindeten Menschen zu helfen.

In Amerika wurde zu dieser Zeit eine große Zahl von Patenten auf Schreibmaschinen erteilt, die jedoch nicht alle auch von praktischen Erfolgen gekrönt waren. Nur wenige Erfindungen sind aus Europa bekannt, davon ein kleiner Teil aus England und Frankreich. Aus Italien, Österreich, Deutschland, der Schweiz und Dänemark sind uns Erfindungen überliefert, die darauf hindeuten, daß auch hier bedeutende Schreibmaschinenkonstrukteure wirksam waren. Trotzdem muß man Amerika als „das Mutterland der Schreibmaschine" bezeichnen.

Ein bedeutender Erfinder dieser Forschungsperiode war der Engländer Charles Wheatstone, der auch als Erfinder eines Drucktelegrafen bekannt geworden ist. Bei seinem ersten Schreibmaschinenmodell, das er 1851 anfertigte, war die Tastatur klavierförmig am vorderen Teil der Maschinen angebracht. Zur Beschriftung verwendete Wheatstone Papierstreifen.

Beim zweiten Modell, welches er 1856 herstellte, befand sich die Tastatur am oberen Teil der Maschine. Hier war bereits eine Umschaltung vorhanden. Wheatstone brachte einfach ein zweites Segment an. Jetzt ließen sich kleine und große Buchstaben

Erstes Modell von Charles Wheatstone, 1851

Zweites Modell von
Charles Wheatstone,
1856

schreiben. Diese Maschine hatte schon eine Schreibwalze. So konnten schon große Papierblätter beschrieben werden.

Im Jahre 1852 entwickelte John M. Jones, ein weiterer amerikanischer Konstrukteur, eine Schreibmaschine. Jones gehörte zu jenen Erfindern, die schon in den 50er Jahren Schreibmaschinen gewerbsmäßig herstellten. 1852 erhielt er ein US-Patent auf eine originelle Schreibmaschine, die er „Mechanical Typewriter" nannte. Die Schriftzeichen befanden sich am Rand eines waagerechten Rades. Der Abdruck erfolgte durch einen Hebel, der oberhalb der Maschine befestigt war.

Größere Bedeutung erlangten die Schreibmaschinen von Alfred Beach. Nach dem 1856 erteilten Patent war die Maschine für blinde Menschen vorgesehen. Bei seiner zweiten Maschine verwendete Beach bereits das Typenstangenprinzip und eine Tastatur ähnlich wie bei heutigen Schreibmaschinen. Die Tastatur bestand aus drei Reihen mit 39 Tasten. Die Typenhebel ordnete er kreisförmig in einem Typenkorb an. Das Niederdrücken einer Taste setzte einen Gelenkhebel in Bewegung, der den Papierstreifen an einem zentralen Mittelpunkt traf. Die Einfärbung geschah mittels Farbband oder Kohlepapier. Der Papierstreifen wurde durch ein Uhrwerk weiterbewegt.

Einer der produktivsten Erfinder von Schreibmaschinen war der italienische Rechtsanwalt Giuseppe Ravizza. Von 1837 bis 1884 hat er insgesamt 17 verwendbare Schreibmaschinen hergestellt und sie fortlaufend verbessert. Er nannte sie „Schreibklavier" (Cembalo scrivano). Aus zwei Reihen klavierähnlicher Tasten waren die Buchstaben zunächst alphabetisch, später nach dem Häufigkeitsprinzip angeordnet.

Seine Modelle enthielten schon eine große Anzahl von Einrichtungen, die erst später wieder bei der fabrikmäßigen Herstellung auftraten, beispielsweise:

- *Das Farbband.* Zwischen Type und Papier legte Ravizza ein mit Graphit oder Berliner Blau versehenes Stückchen Seidenstoff. Später ersetzte er es durch eine gefärbte Farbrolle, die von der Type auf dem Wege zur Anschlagstelle gestreift wurde.
- *Die Umschaltung.* Ravizza hatte in seinen späteren Modellen bereits die Umschaltung für Großbuchstaben entwickelt. Eine Schalttaste bewirkte das Umschalten von Klein- auf Großbuchstaben.
- *Den Typenhebelkorb.* Ravizza ordnete die Typenhebel als erster in einem Korb an. Der Abdruck erfolgt von unten nach oben gegen das in einem Rahmen gespannte Papier.

Sein letztes Modell entwickelte Ravizza 1884. Es wurde, wie die vorhergehenden, nicht serienweise hergestellt. Mit diesen Schreibmaschinen konnte man dreimal so schnell schreiben wie

Das „Cembalo Scrivano", 1855

mit einer Feder. Ravizza gab für seine Schreibmaschinen Beschreibungen heraus, die Bedienungsanleitungen enthielten.

5

Die erste gewerbsmäßig hergestellte Schreibmaschine - die Schreibkugel von Malling Hansen 1867

Es war Ende der sechziger Jahre des 19. Jahrhunderts. In Kopenhagen strömten den Menschen zur Industrieausstellung. Auf dem Gelände der dänischen Hauptstadt waren schon in den Ausstellungshallen die Stände aufgebaut. Ein Stand wurde von einem Schild „skrivekuglen" überragt. Der Direktor des königlichen Instituts für Taubstumme, Pastor Malling Hansen, hatte eine Maschine mitgebracht. Er stand vor seinem Stand und erklärte den staunenden Zuschauern seine „Schreibkugel". Und eine junge Dame stand dabei, betätigte nacheinander ein paar Hebel, bis auf einem halbkreisförmigen Papierträger die Schrift sichtbar wurde.

Hansens „Schreibkugel" besaß bereits die wichtigsten Eigenschaften unserer modernen Schreibmaschinen. Der obere Teil der Maschine bestand aus einer Halbkugel, in der, 52 Typenstangen oder Druckstangen für Großbuchstaben, Ziffern und Zeichen herausragten. Sie waren an ihrem Ende mit eingravierten Zeichen versehen. Die Typenstangen mußten nacheinander senkrecht oder schräg von oben nach unten zur Aufschlagstelle gestoßen werden. Die Tastenstangen waren von Spiralen umgeben. Nach erfolgtem Niederdrücken auf einen zentralen Abdruckpunkt des Papieres wurde die Druckstange in die Ruhelage zurückbefördert. Das Papierblatt im Oktavformat mußte über einen Papierträger, einem gewölbten Rahmen, befestigt

Die „Hansen"-Schreibkugel, 1867

werden. Zu diesem Zweck konnte der Oberteil der Maschine, die Halbkugel, aufgeklappt werden. Innerhalb des Rahmens befand sich ein Amboß als Gegenwirkung zu den Stoßstangen. Ein sinnreicher Mechanismus besorgte das Schalten einer Zeile. Durch einen einfachen Tastendruck wurde die Zeilenschaltung durchgeführt. Zuerst diente Kohlepapier zur Einfärbung, später bekam die Schreibkugel ein Farbband, das auf zwei Spulen lief.

Die Schreibkugel wurde in Österreich serienmäßig produziert. In den 70er Jahren kam ein Modell hinzu, bei dem der Wagentransport elektrisch vollzogen wurde. Anstelle des gewölbten Schreibrahmens hatte das Modell eine Flachunterlage. Die Konstruktion war für die zu diesem Zeitpunkt anlaufende und spätere Entwicklung der Schreibmaschine nicht richtungweisend. Aber die „Hansen" war die erste europäische Schreibmaschine, die nicht nur erfunden und gebaut, sondern auch verkauft wurde. Der Gesamtverkauf dürfte aber nur wenige hundert Maschinen betragen haben.

6

Die Schnellschreibmaschine von Rudolf Schade - 1896

Eine Schreibmaschine mit ähnlichen Konstruktionsprinzipien wie die Schreibkugel von Malling Hansen entwickelte 1896 der Berliner Ingenieur Rudolf Schade. Die Maschine besaß senkrecht oder schräg nach unten führende Stoßhebel, an deren oberen Ende sich die Tasten befanden. Die Schreibfläche war stets sichtbar. Die Aufschlagstelle wurde durch einen Zeiger angedeutet. Die kleinen Buchstaben waren so angeordnet, daß beide Hände gleichmäßig tätig sein konnten. Die Maschine wurde nur in wenigen Exemplaren hergestellt.

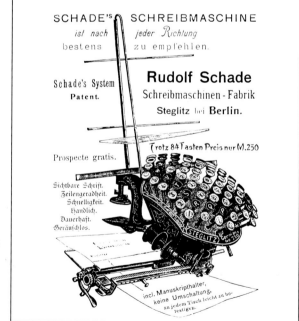

Werbetafel und Werbeschrift der Rudolf Schade Schreibmaschinen-Fabrik Steglitz bei Berlin, 1896

5 In Tirol stand die Wiege der Typenhebelschreibmaschine

1

Einer der bedeutendsten europäischen Erfinder im letzten Drittel des 19. Jahrhunderts ist der Österreicher Peter Mitterhofer. In der Zeit von 1864 bis 1869 entwickelte er fünf Schreibmaschinenmodelle.

Im ersten Modell, nach dem jetzigen Museumsstandort „Wiener Modell 1864" genannt, legte Mitterhofer das Prinzip des maschinellen Schreibens fest. Doch war er mit diesem Modell nicht zufrieden und bezeichnete es deshalb als „mißlungen". Die Tastatur dieses Modells enthält 30 Tasten, davon 25 Tasten für Großbuchstaben, drei für Satzzeichen sowie je eine Zwischenraum- und eine Rückstelltaste. Ziffertasten gibt es nicht. Die Tasten sind in drei Reihen stufenförmig angeordnet. Die zwei Funktionstasten befinden sich in der Mitte. Diese Anordnung läßt darauf schließen, daß für das Schreiben die Finger beider Hände vorgesehen waren. Die Tasten haben keine Beschriftung. Lediglich an der unteren Seite sind mit Bleistift Buchstaben aufgezeichnet.

Dieses Modell hatte Mitterhofer vermutlich nur als Studienobjekt vorgesehen. Die schwerbeschädigte Maschine, an der wichtige Teile wie die Papiereinspannung und die für die Zeilenschaltung erforderlichen Vorrichtungen fehlten, wurde restauriert. Die fehlenden Teile sind nach den Mitterhoferschen Konstruktionsprinzipien durch den Wiener Restaurator Richard Krcal ersetzt worden.

Peter Mitterhofer, der Erfinder aus Partschins, bei der Arbeit an seiner Maschine (Titelbild eines Buches)

2

Das zweite Modell, nach dem jetzigen Museumsstandort „Dresdner Modell 1864" benannt, ist die zweite Nadelschriftschreibmaschine Peter Mitterhofers. Sie stellt eine Weiterentwicklung des „Wiener Modells" dar. Sie weist in ihren Grundzügen eine ähnliche Konstruktion auf wie die vorhergehende, ist aber etwas kleiner als das „Wiener Modell".

Die Tastatur dieser Maschine enthält 30 Tasten mit 28 Schriftzeichen. Auch bei diesem Modell gibt es keine Zifferntasten. Peter Mitterhofer konstruierte eine Mehrschrittschaltung, die gut funktionierte. Als Schriftzeichen verwendete er stärkere und stumpfere Stifte als früher. Dadurch kam ein besseres Schriftbild zustande. Ein Holzrahmen diente ihm als Papierträger. Das hatte den Vorteil, daß man während des Schreibvorgangs die Schrift lesen konnte. Auch dieses Modell wurde nach den Konstruktionsideen Peter Mitterhofers später restauriert und mit einem Papierrahmen versehen.

Das „Dresdner Modell 1864" nach der Rekonstruktion der fehlenden Teile durch Richard Krcal, Wien

3

Das 3. Modell gilt als verschollen. Angaben über Konstruktionsmerkmale sind aus Beschreibungen und Gutachten des Polytechnischen Instituts in Wien entnommen und aus einer aufgefundenen Transporttruhe abgeleitet.

Dieses Modell war, wie auch die beiden vorher gebauten Schreibmaschinen, aus Holz gefertigt. Mit ihm konnten nur Großbuchstaben und Schriftzeichen geschrieben werden. Vermutlich besaß es ein dreistufiges Tastenfeld mit etwa 36 Tasten. Wie alle bisher bekannten Modelle hatte es einen Typenkorb, den Unteraufschlag und den Mehrschrittmechanismus für die Buchstabenzwischenräume. Während die beiden ersten Schreibmaschinen aus Nadelspitzen zusammengesetzte Buchstaben besaßen, verwendete Mitterhofer bei diesem Modell Buchdrucklettern. Als Papierträger diente ihm erstmals eine Schreibwalze.

4

1867 begann für Peter Mitterhofer eine neue Epoche. Er fertigte wiederum ein Versuchsmodell an, diesmal aus Metall.

Peter Mitterhofers
Schreibmaschine
„Meraner Modell"
von 1867

Dieses Objekt wird nach seinem jetzigen Standort in einem Museum in Meran auch „Meraner Modell 1867" genannt. Vermutlich war diese Maschine wiederum nur eine Zwischenstufe zum nächsten Versuch. Das 4. Modell zeigte in seiner Grundkonstruktion schon wesentliche Merkmale unserer heutigen Schreibmaschine.

Die Tastatur bestand aus 39 Tasten. Im Typenkorb befanden sich 72 Typenhebel, die in zwei Reihen angeordnet waren. Mitterhofer war mit dieser Konstruktion nicht zufrieden. Der Umschaltvorgang erschien ihm zu umständlich und zu schwerfällig. Bei diesem Modell wurden später durch Richard Krcal aus Wien eine Schreibwalze und eine Transporteinrichtung nach den Konstruktionsmerkmalen Mitterhofers hinzugefügt.

5

Das 5. Modell Peter Mitterhofers ist ein mit Volltastatur und einer Walze sowie mit Lettern als Typen ausgestattetes, gebrauchsfähiges Modell einer Schreibmaschine. Der konstruktive Aufbau dieses letzten Modells gleicht dem der vorausgegangenen Schreibmaschine Mitterhofers. Das Besondere dieser Maschine ist jedoch die Volltastatur.

Die Tastatur umfaßte sieben Tastenreihen mit insgesamt 82 Tasten für Schriftzeichen. Die 82 Tasten werden über Gestänge und Zwischenhebel mit den 82 Typenhebeln im Typenhebelkorb verbunden. Für die Einfärbung der Typen erfand Mitterhofer einen Borstenkranz, der nach jedem Tastenanschlag etwas weiterrückte. Die Schreibwalze liegt - wie auch bei der Rekonstruktion des Meraner Modells - über dem Typenkorb. Sie bewegte sich rückwärts auf einer langen Achse mit Spiralführung vom Schreiber weg. Durch die spiralförmige Fortbewegung der Walze konnte Mitterhofer auf jeden Mechanismus für eine Zeilenschaltung verzichten. Am Zeilenende erfolgte ein automatischer Zeilenvorschub.

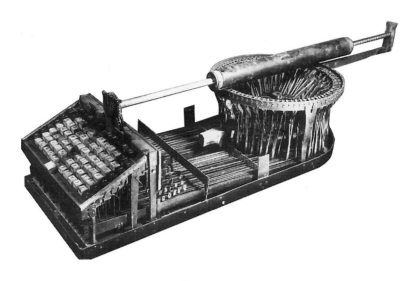

Das „Wiener Modell 1869" mit Volltastatur

6

Es war ein bitterkalter Tag im Dezember 1869, als sich Peter Mitterhofer auf den Weg nach Wien begab. Zu Fuß, eine Karre vor sich herschiebend, legte er vom Tiroler Ort Partschins die lange Wegstrecke nach Wien auf verschneiten Wegen zurück. In seiner Karre befand sich ein „Typenhebel-Apparat", eine verbesserte Schreibmaschine, die er in Wien vorführen wollte. Mit einem neuerlichen Majestätsbesuch bat er um eine Subvention oder um Ankauf seines Modells. Bei der Vorführung sagte er: „Der Apparat entspricht vollkommen der Anforderung und kann bei einiger Handfertigkeit leicht angewendet werden."

Die Polizeidirektion Wien befürwortete am 3. Januar des Jahres 1870 gegenüber der Kabinettskanzlei den Ankauf der Maschine mit den Worten: „Die Polizeidirektion glaubt in dem Modell ein sehr willkommenes Geschenk für die Sammlung einer technischen Lehranstalt zu erblicken und befürwortet dessen Ankauf um einen Betrag von 100 bis 150 Gulden." Peter

Mitterhofer erhielt 150 Gulden. Seine Schreibmaschine gelangte am 13. Januar 1870 als Geschenk des Kaisers in die Modellsammlung des Polytechnischen Instituts in Wien.

Peter Mitterhofer wanderte zurück nach Partschins. Dann wurde es still um den Erfinder. Resignierte er? Peter Mitterhofer dichtete:

Weil er einsah, daß Maschinen,
Die Schrift nur einfach zeigen,
Für die Praktik gar nicht dienen,
Sann er höher sie zu treiben,
Einfach will ihn nicht mehr freuen.

Darum bot er sie als Kunststück
Zum Verkauf um jedes Geld.
Kaufen für die Polytechnik
Läßt sie der Kaiser und er erhält
Hundertfünfzig Gulden Geld.

Diese zwei Verse sind Teil eines Gedichtes von Mitterhofer, das als Original im Museum von Meran aufbewahrt wird.

Im Jahre 1910 betrachtete ein Beamter die Sammlungsgegenstände des aufgelösten Polytechnischen Instituts in Wien. Er war ganz erstaunt, daß sich darunter eine Schreibmaschine unbekannter Herkunft befand. Er wußte, daß inzwischen viele Schreibmaschinen produziert wurden und auch in die Kanzleien der Behörden gelangten, aber so eine Schreibmaschine hatte er noch nicht gesehen. Was sollte man mit diesem Gerät anfangen? Die Maschine gelangte in die allgemeine Ausstellung historischer Schreibmaschinen des Technischen Museums in Wien. Dort ist sie noch heute als „Meisterstück der ersten Schreibmaschinenkonstruktion" zu bewundern.

Mitterhofer starb am 27. August 1893 in großer Armut. Bis zu seinem Tode erlebte er noch die stürmische Entwicklung der ersten fabrikmäßig hergestellten Schreibmaschine, die von

Amerika ausging. Daran hatte er jedoch keinen Anteil, obwohl gerade seine Typenkorbschreibmaschine seiner Zeit weit voraus war. Viele Konstruktionsmerkmale wurden von anderen Erfindern fort- und weiterentwickelt. Mitterhofers Modelle sind jedoch Museumsschreibmaschinen geblieben.

Ein Brief Peter Mitterhofers, den er 1869 auf seiner Schreibmaschine geschrieben hat. (Orginal im Schloß Spauregg, Wohnsitz von Ritter von Goldegg, in Partschins, Tirol.)

6 Der mühselige Weg zur ersten fabrikmäßig hergestellten Schreibmaschine

1

Es war am Anfang der 60er Jahre des vorigen Jahrhunderts. Wenn der Ostwind über den Michigan-See fegte, mußten die Schiffe im Hafen fest vertäut werden. Die großen Passagierdampfer jedoch, die von Chicago kamen, ließ das unberührt. Sie legten sicher am Kai an.

Zwei deutsche Auswanderer kamen in diesen Jahren nach Milwaukee: C. F. Kleinsteuber und Matthias Schwalbach. Kleinsteuber richtete sich nach einiger Zeit eine kleine Werkstatt in der State Street ein, in der Schwalbach, der 1863 aus Marlberg im Rheinland nach Milwaukee gekommen war, Arbeit fand. In Milwaukee hörte man zu jener Zeit oft die deutsche Sprache. Die Stadt war Ziel und Mittelpunkt vieler deutscher Einwanderer in der Pionierzeit Amerikas.

Von weiten schon konnte jeder das große Schild an Kleinsteubers Haus erkennen: „BRASS FOUNDERY" - Messinggießerei. Die holprige Straße im Norden Milwaukees gehörte damals noch nicht zu den besten Gegenden der Stadt.

Hier in der State Street - zwischen Third und Fourth Street - begann im Frühjahr 1867 also das große Abenteuer. Der vierjährige blutige Bürgerkrieg zwischen den Süd- und Nordstaaten der Union lag erst eineinhalb Jahre zurück. Noch waren die Folgen überall spürbar. Im Norden des Landes machte sich der wirtschaftliche Aufschwung bald bemerkbar. In der Werkstatt von Kleinsteuber beschäftigten sich drei Männer mit unterschiedlichen Dingen: Charles Glidden, der Sohn eines Eisenhändlers in Ohio, arbeitete an einer Grabemaschine. Er meinte, daß damit vielleicht der Pflug ersetzt werden könne. Samuel W. Soulé und Christopher Latham Sholes, beide gelernte Drucker, beschäftigten sich mit einem Gerät zum Numerieren von Banknoten und Geschäftsbüchern.

Kleinsteuber, ein gelernter Uhrmacher, überließ seine Werkstatt den drei Konstrukteuren eine Zeitlang für ihre Experimente. Ab und zu besuchten Kleinsteuber und Matthias Schwalbach, ein Modellbauer, die drei Bastler. Als sie eines Tages die Arbeiten betrachteten, meinte Sholes: „Was die Welt am nötigsten braucht, ist eine Maschine zum Schreiben." „Warum machen Sie dann nicht eine Maschine, die Buchstaben und Wörter schreibt und nicht nur Zahlen?", meinte Kleinsteuber. Und Sholes antwortete: „Das kann ich machen. Ich habe schon viel darüber nachgedacht, und ich werde Versuche damit anstellen, sobald ich mit meiner Numeriermaschine fertig bin."

Die Numeriermaschine, mit der sich Sholes beschäftigte, war bald fertig. In der Fachzeitschrift „Scientific American" vom 6. Juni 1867 entdeckte er eine Beschreibung der 1863 von John Pratt gebauten Schreibmaschine. Dabei kam ihm die entscheidende Idee.

2

Sholes brauchte einige Zeit, um einen kleinen Mechanismus zu basteln, der das Grundprinzip einer Schreibmaschine darstellte. Er führte seinen Freunden das Ergebnis seiner Bemühungen vor, die Gefallen an dieser Konstruktion fanden.

Auf einem Holzfuß war eine gewöhnliche Morsetaste befestigt. Darüber befand sich, von Holzpflöcken gestützt, ein rohgearbeiteter Ring aus Holz. In dem Ring steckten vier andere Pflöcke, die eine runde Glasscheibe trugen. An dem Ring war ein schlankes Messinghebelchen drehbar eingezapft. Es trug am oberen Ende den Buchstaben „W". Sholes schlug den Knopf der Taste mit dem Finger an. Das Typenhebelchen wurde dabei schnell von unten gegen die Glasscheibe geschleudert. Es traf genau auf den Mittelpunkt auf. Sholes hielt ein Stückchen Kohlepapier dagegen, darüber ein Stück Schreibpapier unten gegen die Glasscheibe. Während er die Taste anschlug, bewegte er mit der anderen Hand die beiden Papiere. So ergab sich eine regelmäßige und fehlerlose Linie kleiner „W".

Experimentiermodell von Sholes 1867

Sholes erklärte, daß nach diesem Prinzip nur eine Anzahl Messinghebel erforderlich sei, ein jeder mit einem anderen Buchstaben versehen, und schon ließe sich eine Schreibmaschine herstellen.

Die Herstellung der ersten Maschine machte langsam Fortschritte. Viele Elemente wurden erprobt und dann wieder verworfen. Fast alle Teile mußten mit der Hand angefertigt werden. Schwierig war auch der Guß der Typenhebel, das Schneiden der darauf befestigten Buchstaben sowie die Anordnung des Korbes, in dem die Typenhebel schwingen sollten.

Ende 1867 konnte von Sholes, Glidden und Soulé das erste Modell fertiggestellt werden. Es wurde am 14. Juni 1868 patentiert. Dieses Modell hatte einen flachen Metallrahmen, an dem an jeder Ecke Klammern befestigt waren. In den Rahmen wurde das Papier gespannt. Zum Beschriften wurden selbsthergestellte Farbbänder verwendet.

3

In den folgenden Jahren entwickelten die drei Konstrukteure weitere Modelle. Jedes enthielt kleine Verbesserungen. So war zum Beispiel bereits eine selbständige Farbbandumkehr vorhanden. Im Laufe dieser Jahre entstanden so mehr als ein Dutzend unterschiedlicher Schreibmaschinenmodelle. Anfangs war ein einreihiges Tastenfeld mit langen und dazwischenliegenden kurzen Tasten vorgesehen, auf denen die Zeichen alphabetisch von A bis M auf den langen, und von N bis Z auf den kurzen Tasten angebracht waren. Die Zahlen befanden sich links davon.

Im Laufe der Entwicklung stellte sich heraus, daß die Typenhebel selbst bei mäßiger Geschwindigkeit immer wieder zusammenschlugen und steckenblieben. Die Erfinder suchten deshalb nach einer günstigeren Tastenfeldanordnung. So wurden Buchstaben, die am häufigsten nebeneinander auftraten, im Typenkorb soweit wie möglich voneinander entfernt angebracht.

4

1871 stellte Sholes mit seinen Mitarbeitern ein gänzlich neues Modell her. Es hatte in jeder Beziehung wenig Ähnlichkeit mit der vorhergehenden Maschine. Ein Mitarbeiter machte den Vorschlag, die Tasten auf vier Reihen zu verteilen. Auch dieses Tastenfeld war in alphabetischen Reihenfolge geordnet.

Ende 1872 entwickelte Sholes ein weiteres Schreibmaschinenmodell, das die bisherigen Konstruktionsmerkmale der Maschinen änderte: Der flache Papierrahmen wurde durch eine große, gummiüberzogene Walze ersetzt. Die Typen schlugen nun gegen das Farbband und nicht mehr gegen das Papier. Diese technische Änderung erwies sich jedoch als Irrtum.

1873 führte Sholes die übliche Art des Schreibens mit der Wagenbewegung von rechts nach links wieder ein. Dieses Umkonstruieren erforderte viel Zeit. Er baute eine Maschine „mit fortlaufender Rolle". Damit ließ sich Papier in beliebiger Länge beschreiben. Diese Neuerung veränderte den ganzen Charakter der Maschine. Sie war kleiner und handlicher als die früheren Modelle. Sholes und seine Mitarbeiter versuchten alles, um die Maschine zu vervollkommen. Glücklicherweise fanden sie zwei Geldgeber, Densmore und Yost, von denen noch die Rede sein wird.

Den drei Erfindern gelang es schließlich, noch bessere Schreibmaschinen herzustellen, die sich auch verkaufen ließen. Verschiedene Modelle gaben sie zum Ausprobieren an Redakteure von Zeitungen, einige befanden sich ständig als „Muster" unterwegs. Und wenn der Absatz dieser handwerklich hergestellten Maschinen nicht die gewünschten Fortschritte machte, sprang wieder ein Geldgeber ein.

Sie arbeiteten jetzt Tag und Nacht an weiteren Verbesserungen. Sie hatten das Ziel, die Maschine so weit zu entwickeln, daß eine Großfabrikation erfolgen konnte. Endlich war ein Modell hergestellt, das die Zufriedenheit der Beteiligten fand. Auf der Suche nach einem geeigneten Produzenten für eine fabrikmäßige Herstellung richteten sie ihre Aufmerksamkeit auf eine berühmte Waffenfabrik in Ilion im Staate New York, die nach dem Ende des Bürgerkrieges 1865 schon Teile ihrer Anlagen auf die Erzeugung von Bedarfsgütern umgestellt hatte. Es war die Firma Remington. Ende 1873 konnte das Ergebnis eines sechsjährigen Experimentierens den Remington-Werken angeboten werden.

5

Ende Februar 1873 betraten zwei Herren, die die Entwicklung der Schreibmaschine von Sholes, Glidden und Soulé finanziell unterstützt hatten, mit Sholes die Remington-Werke in Ilion. Sie brachten das kostbare und neuentwickelte Schreibmaschinenmodell mit und wollten den Inhaber der Remington-Werke, Philo Remington, zur fabrikmäßigen Herstellung der Schreibmaschine bewegen. Am 1. März 1873 wurde der geschichtsträchtige Vertrag zwischen den Konstrukteuren der Schreibmaschine und den Remington-Werken geschlossen. Damit begann die Zeit der fabrikmäßig hergestellten Schreibmaschinen.

Mustermaschine, die 1873 der Remingtongesellschaft vorgestellt wurde.

Der Vertrag sah zunächst nur die Herstellung von 1000 Maschinen vor. Die eigentliche Fabrikation der Maschine begann im September 1873. Viele geschickte Hände waren an weiteren Verbesserungen beteiligt. Anfang 1874 wurde die erste Maschine fertiggestellt und stand zum Verkauf bereit. Sie trug den Namen „Sholes-Glidden". Zur ersten Serie gehörten 25 Maschinen. Sie waren offenbar durch die gleichzeitige Nähmaschinenproduktion beeinflußt. Die Maschinen waren auf einem wie Weinranken geschwungenen Untergestellt montiert. Ein „Fußtritt" diente der Bedienung des Wagenrücklaufs.

An der rechten Seite war eine radförmige Trommel angebracht. Wippte man den „Fußtritt", wurde der Wagen mit einer Schnur, die über die Trommel lief, zurückgezogen. Dadurch kam eine Zeilenschaltung zustande, und eine Zugfeder wurde aufgewunden.

Vom Wagenrücklauf mit Hilfe eines Fußpedals kam man allerdings bald wieder ab und ging zu einer Zeilenschaltung mit kombiniertem Wagenrücklauf über. Der Wagenrücklauf konnte jetzt durch einen breiten gußeisernen Druckhebel rechts unter der Trommel vorgenommen werden. Auch das Untergestell wurde somit entbehrlich. Ein Metallkasten, mit handgemalten Blumenornamenten reich verziert, schloß die Maschine gänzlich ein.

Um das Geschriebene, das heißt die Großbuchstaben, lesen zu können, mußte der Wagen jedesmal hochgehoben werden. Die Typen hingen in einem Typenkorb und schlugen durch eine kreisrunde Öffnung nach oben. Über diese Öffnung lief ein sehr breites Farbband. Die Schreibwalze hatte einen größeren Durchmesser als man das bei unseren heutigen Maschinen gewohnt ist.

Die von 1874 an fabrizierten Maschinen kamen zunächst ohne Aufschrift auf den Markt. Wenig später wurden sie als „The Type Writer" zum Verkauf angeboten. Bis zum Spätherbst 1875 waren schon viele Maschinen verkauft worden. Der Absatz war jedoch noch immer recht schwierig, ein Markt mußte erst ge-

Christopher Latham
Sholes mit seiner
Schreibmaschine

schaffen werden. Kaufleute und Angestellte standen der neuen Erfindung noch sehr skeptisch gegenüber. Darüber hinaus gab es noch keine ausgebildeten Maschinenschreiber. Auch Frauen, die um diese Zeit in die Büros kamen, mußten erst mit der Bedienung einer Schreibmaschine vertraut gemacht werden.

Mit der Schreibmaschine eroberten sich die Frauen ihren Platz in den Büros

6

Sholes setzte seine Verbesserungen auch dann noch fort, als die Remington-Werke die Schreibmaschine serienmäßig herstellten. Nach dem Tod Gliddens im März 1877 wurde die von Sholes und Glidden erfundene Schreibmaschine in „Remington Modell 1" umbenannt. Das erste Modell schrieb nur Großbuchstaben. Es erhielt einen leichteren Hebel zum Anheben und für die Zurückführung des Wagens. Ein Teil dieser Maschinen hatte anfangs eine Seitenverkleidung, auf die später verzichtet worden ist. Das Oberteil wurde von vier Pfosten getragen.

Mit dem Remington Modell 1, das 1877 hergestellt wurde, konnte man nur Großbuchstaben schreiben. Aber erst im Januar 1879 kam das 2. Modell heraus. Es brachte als Hauptverbesserung die Umschaltung und damit die Möglichkeit, auch Kleinbuchstaben zu schreiben. Die Schwierigkeit, mit der einheitlichen Anordnung der Tasten große und kleine Buchstaben zu schreiben, wurde durch die Verbindung zweier Erfindungen gelöst: einmal die Wagenverschiebung nach hinten und zum anderen die Verwendung von Typenhebeln mit jeweils zwei Typen.

Das zweite Remingtonmodell besaß fast alle Einrichtungen der modernen Schreibmaschine. Das Tastenfeld umfaßte vier Tastenreihen mit insgesamt 39 Tasten für 78 Zeichen. Nach jedem Anschlag einer Taste kam der entsprechende kleine Buchstabe zum Abdruck. Sollten Großbuchstaben geschrieben werden, mußte zunächst der in der linken Ecke befindliche Umschalter niedergedrückt und festgehalten werden. Die Umschaltung erfolgte nicht durch eine Aufwärts-, sondern durch eine Vorwärtsbewegung des Wagens. Den Wagen konnte man durch

Der verbesserte Remington- „Typewriter"

Sholes Tochter an einer „Remington"- Schreibmaschine

einen langen, auf der rechten Seite herunterhängenden Hebel anheben. Er diente auch der Rückführung des Wagens und der Zeilenschaltung. Das 36 mm breite Farbband wickelte sich bereits selbsttätig von der rechten auf die linke Farbbandspule ab. Durch Herausziehen einer Kurbelwelle konnte es umgestellt werden. Es lief dann in entgegengesetzter Richtung. Das Farbband war leicht auszuwechseln. Es wurde in der ganzen Breite ausgenutzt, indem es durch einen Hebel vorwärts oder rückwärts verschoben werden konnte.

Mit diesem Modell behielt die „Remington" lange Zeit ihre gleichbleibende Gestalt. Diese Schreibmaschine „Remington" wurde später in mehreren Modellen hergestellt. Die Modelle 3 (1879) bis 9 (1903) brachten weitere Verbesserungen, stimmten aber im Grundprinzip mit Modell 2 überein. Es gab beispielsweise Schreibmaschinen mit Einrichtungen zum Aufsetzen verschieden breiter Wagen. Das Modell 7 war die erste Maschine, die mit einem Dezimaltabulator ausgestattet war.

7

Das Modell 7 war - wie auch das Modell 6 - eine für den europäischen Markt bestimmte Ausführung. Es erlangte auch in Deutschland eine größere Bedeutung. Das Modell 7 stellte wahrscheinlich die vollkommenste Unteranschlagmaschine dar. Auffallend war die korbförmige Anordnung der Typenhebel, die in Ruhelage nach unten hingen und beim Anschlag der Tasten von unten her gegen die Schreibwalze schlugen, so daß das Geschriebene erst beim Hochklappen des Wagens sichtbar wurde. Das Eigengewicht, durch Federkraft unterstützt, bewirkte das Zurückfallen der Typenhebel nach jedem Anschlag. Die Filzstreifen mit Lederauflage dienten den hängenden Typenhebeln als Stütze und wirkten beim Schreiben geräuschdämpfend.

Die vierreihige Tastatur entsprach sowohl in der stufenförmigen Anordnung als auch in der Buchstabenfolge im wesentli-

„Remington Modell 7"
mit hochgeklapptem
Wagen

chen den heutigen Schreibmaschinen, allerdings war eine der beiden Umschalttasten rechts unten und die andere links oben angebracht. Auch der mit Hilfe des Zeilenschalthebels hochklappbare Wagen wies bereits alle wesentlichen Vorrichtungen moderner Maschinen auf:
- Papierführung mit Andruckrollen, die durch einen Druck auf den Papierlöser gelockert werden konnten,
- Hebel zur Zurückführung des Wagens, kombiniert mit der Zeilenschaltung,
- Walzenfreilauf zum Scheiben auf Linien,
- zwei Walzendrehknöpfe und
- zwei Wagenlaufschienen.

Die Umschaltung bewirkte eine horizontale Verschiebung des Wagens nach hinten. Ein Hebel mit Feder und Bügel an der Vorderseite des Hebekorbes ermöglichte eine Dauerumschaltung. Die Wagenbewegung ging von einer Zugfeder aus, die durch einen Metallstreifen mit dem Wagen verbunden war. Bei hochge-

Remington-Schreibmaschine

klapptem Wagen wurde der Farbbandmechanismus gut sichtbar. Die Farbbandbewegung und -umschaltung erfolgte automatisch. Das 36 mm breite Farbband konnte nicht nur von rechts nach links und umgekehrt, sondern auch vor- und rückwärts bewegt werden. Es war somit in seiner ganzen Breite auszunutzen.

Verdeckt schreibende Remington-Maschinen wurden noch längere Zeit produziert. Das spricht für die gute Einführung und Beliebtheit dieser sehr stabilen Maschine. In der Werbekampagne der Remington-Gesellschaft hieß es: „Die sofortige Sichtbarkeit der Schrift ist unnötig und die breite Lagerung der Typenhebel vorteilhafter als die bei sichtbarschreibenden Maschinen." Verdeckt schreibende Maschinen wurden noch bis 1914 hergestellt und verkauft.

8

Das Remington-Modell 8 kam im Jahre 1897 heraus. Diese Schreibmaschine enthielt bereits einen breiteren, auswechselbaren Wagen. Das Modell 9, produziert im Jahre 1903, wies einen verbesserten Bewegungsmechanismus und einen auswechselbaren Wagen für fünf Größen auf.

Erstaunlich hoch waren die Verkaufszahlen der Remington-Schreibmaschinen. Bis 1874 sollen bereits 550 Maschinen, 1875 bereits 1300 Schreibmaschinen und 1876 über 1500 Maschinen hergestellt worden sein. Die Remington blieb bis 1879 konkurrenzlos und war mit ihren Modellen bis 1896 führend und richtungsweisend. 1890 wurden bereits 65000 Remington-Schreibmaschinen verkauft. Mit dem Modell 10, das von 1908 bis 1922 verkauft wurde, stellte sich auch das Remingtonwerk auf Schreibmaschinen mit Schwinghebel und Vorderaufschlag um. Es begann die Zeit der Sichtschriftmaschinen.

7 Die gute alte Schreibmaschine hat viele Geschwister

1

Bis 1879 blieb die Remington-Schreibmaschine praktisch ohne Konkurrenten. Dann kamen allmählich die ersten rivalisierenden Schreibmaschinenmodelle auf. Auf der Suche nach der „besten" Schreibmaschine entstand eine Vielfalt von Schreibmaschinen. 180 verschiedene Modelle aus der Zeit von 1873 bis 1914 wurden bekannt. Erfinder und Konstrukteure entwickelten Maschinen mit unterschiedlichen Konstruktionsmerkmalen. So bildeten sich bald nach der Art der Zeichenerzeugung zwei Gruppen von Schreibmaschinen mit Typendruckwerk heraus:

Die Klasse der Schreibmaschinen mit mehr als einem Typenkörper (Einzeltypenträger)

Zu dieser Gruppe zählen die Schreibmaschinen mit Typenhebeln oder Typenstangen:
- *Typenhebelschreibmaschinen*. Das sind Schreibmaschinen, bei denen die typentragenden Typenkörper auf Typenhebeln angebracht sind. Typenhebel sind schwenkbare Typenträger, die an ihrem freien Ende einen oder mehrere Typenkörper tragen. Das können Druckhebel, Schubhebel oder Schwinghebel sein.
- *Typenstangenschreibmaschinen*. Hierzu gehören Schreibmaschinen, bei denen die Typen auf Typenstangen oder einzeln angebracht sind. Typenstangen sind verschiebbare, stangenförmige Typenträger, die einen oder mehrere Typenträger tragen. Hierher gehören die Druckstangenschreibmaschinen, bei denen die Tastenstäbe in Radial-, Kreis-, Kugel- oder Linear-

anordnung angebracht sind. Hierher gehören aber auch die Stoßstangenschreibmaschinen.

Die Klasse der Schreibmaschinen mit nur einem Typenkörper (Universaltypenträger)

Zu dieser Gruppe gehören die Eintaster- und Vieltastermaschinen:
- *Typensegmentschreibmaschinen.* Das sind Schreibmaschinen, bei denen die Typen auf einem segmentförmigen Typenkörper angebracht sind. Ein Typensegment ist ein bogenförmiger Typenkörper, auf dem die Typen in einer Reihe oder in mehreren Reihen angeordnet sind. Dazu zählen die Schreibmaschinen mit Typenschiffchen.
- *Typenkugelschreibmaschinen.* Das sind Schreibmaschinen, bei denen sich die Typen auf einem kugelähnlichen Typenkörper befinden. Auf der Oberfläche des kugelähnlichen Typenkörpers sind die Typen angeordnet.
- *Typenradschreibmaschinen.* Das sind Schreibmaschinen, bei denen die Typen auf einem scheibenförmigen Typenkörper angebracht sind. Die Typen sind auf der Stirnfläche der scheibenförmigen Typenträger angeordnet.
- *Typenplattenschreibmaschinen.* Das sind Schreibmaschinen, bei denen die Typen auf einem plattenförmigen Typenkörper vorhanden sind. Die Typen sind auf der Oberfläche dieser rechteckigen Platte angeordnet.
- *Typenband- oder Typenlinearschreibmaschinen.* Das sind Schreibmaschinen, bei denen die Typen auf einem Typenband oder Typenlineal angeordnet sind.

2

Bis zur Jahrhundertwende wurde eine große Vielfalt unterschiedlicher Schreibmaschinen entwickelt. So gab es Modelle mit Einzeltypenträgern und solche, die einen Universaltypen-

träger verwendeten. Tastaturmaschinen (Vieltaster) wechselten mit Zeigermaschinen (Eintaster), Doppeltastaturen mit Einzeltastaturen und Umschaltung, Bandfärbung mit direkter Färbung. Erfinder, Techniker und Fabrikanten verwendeten viel Mühe, Zeit und Geld für den Bau oft recht seltsam anmutender Schreibmaschinen. Dann gab es Schreibmaschinen mit:
- *Volltastatur*. Hier erfolgte keine Umschaltung. Für jedes Schriftzeichen war eine Taste vorhanden. Jeder Typenträger besaß nur eine Type und damit 8 - 9 Tastenreihen mit ca. 80 - 90 Tasten.
- *Vierteltastatur*. Die Maschinen hatten meist zwei Tastenreihen mit je 20 - 21 Tasten und eine dreifache Umschaltung.
- *Dritteltastatur*. Hier war eine doppelte Umschaltung notwendig. Drei Schriftzeichen befanden sich auf einer Taste. Das Tastenfeld bestand aus drei Tasten mit ca. 28 - 32 Tasten.

3

Bei den unterschiedlichsten Typen von Schreibmaschinen traten aber erneut die gleichen Probleme auf, mit denen sich seit jeher die Erfinder beschäftigten:
- Auf welche Weise kann die Schrift von den Maschinenschreibern sofort sichtbar gemacht werden?
- Wie lassen sich die Buchstaben an den Typen in der Schreibmaschine anbringen?
- Wie soll der Abdruck dieser Typen vor sich gehen?
- Wie kann man Groß- und Kleinbuchstaben abdrucken?

Der erhebliche Nachteil der unsichtbaren Schrift wurde natürlich schon sehr bald erkannt und beanstandet. Man suchte nach verschiedenen Lösungen, diesem Nachteil abzuhelfen.

Bei vielen Schreibmaschinen aus dieser Zeit war die Schrift verdeckt. Man konnte nicht sofort sehen, was man geschrieben hatte. Erst wenn der Schreiber sich zur Seite beugte oder den Wagen hochklappte, konnte er das Geschriebene lesen. Die

Erfinder bemühten sich schon sehr früh, ihre Schreibmaschinen sichtbarschreibend zu machen. Bei der ersten fabrikmäßig hergestellten Schreibmaschine, der „Remington", konnte die Sichtbarkeit der Schrift noch nicht umgesetzt werden. Andere teilweise oder ganz sichtbar schreibende Maschinen, die ab 1879 fabrikmäßig hergestellt wurden, weisen andere Mängel auf. Worin lag die Ursache?

Die Frage des Typenträgers war für jeden Erfinder das wichtigste Problem. Alle Typen mußten auf der gleichen Stelle auf der Schreibwalze aufschlagen. Was lag näher, als sie in Kreisform in einem Typenkorb anzuordnen, und zwar in einem Typenhebelkorb? Wurde eine Taste bedient, schlugen die Hebel mit ihren Typenhebelköpfen von unten gegen die Unterfläche der Walze. Diese Aufschlagmöglichkeit bezeichnete man als Unteraufschlag.

Fest stand, wenn der Aufschlag von unten erfolgt, bleibt die Schrift unsichtbar. Verschiedene Erfinder versuchten daher den umgekehrten Weg. Eine Anordnung der Typenhebel im geschlossenen Kreise war dabei nicht mehr erforderlich. Man verwendete nun ein Kreisstück. Bei diesem Oberaufschlag standen die Hebel aufrecht oder schwebend über der Walze und schlugen nach unten. So war es möglich, die Schrift ganz oder wenigstens teilweise sichtbar werden zu lassen. Ein jederzeit sichtbares Schriftbild konnte aber auch bei diesem Lösungsansatz nicht erzielt werden.

Das veranlaßte wieder andere Erfinder zu seltsamen Konstruktionen. So entstanden Schreibmaschinen, bei denen sich die Typenhebel hinter der Walze oder dachförmig über der Walze befanden. Andere Konstruktionen zeigten ein Hebelsystem, bei dem die Typenhebel waagerecht vor oder hinter der Schreibwalze oder rechts und links in Form von Typenbügeln über der Schreibwalze stehend lagen.

Aber auch diese Konstruktionen brachten nur partiell sichtbare Schrift zustande. Entweder blieb nur ein Teil der Zeile sichtbar oder nur die gerade geschriebene Zeile, während die vorhergehende Zeile verschwand. Auch der Oberaufschlag war somit keine befriedigende Lösung.

Andere Erfinder kamen dem Ziel, eine völlig sichtbare Schrift zu erhalten, mit ihren Konstruktionen näher. Dazu gehören beispielsweise die vielen Eintaster- und Mehrtastermaschinen mit Typenrad, Typenzylinder, Typenscheibe und Typensegment. Im letzten Drittel des vorigen Jahrhunderts existierten die verschiedenartigsten Konstruktionen. Trotz vieler Vorzüge, wie die sofortige Sichtbarkeit der Schrift, einfache Bauweise, gleichmäßiger Anschlag, leichte Auswechselbarkeit des Typenträgers, geringer Preis, hatten nur wenige Maschinen dieser Art einen größeren Erfolg. Nach einer kurzen Blütezeit verschwanden viele im Laufe der folgenden Jahre wieder, da man mit ihnen nicht schnell genug schreiben konnte.

Das Problem der Sichtbarkeit der Schrift wurde erst durch den Vorderaufschlag gelöst.

Schematische Darstellung der Typenhebelanordnung bei einer Oberanschlag-Schreibmaschine

8 Schreibmaschinen mit unterschiedlichen Typenträgern

Hammond, USA 1881, Typensegment-Schreibmaschine mit halbrunder Tastatur, Typenträger ist ein Typenschiffchen

Edelmann, Deutschland 1897, Typenrad-Schreibmaschine mit Zeiger, gebogene Zeichenskala, Typenrad mit drei Typenreihen, doppelte Umschaltung

„Oliver", USA 1896, Typenhebel-Schreibmaschine mit Oberaufschlag, Typenhebel links und rechts aufrecht stehend neben der Schreibwalze, dreireihige Tastatur, doppelte Umschaltung

„Williams", USA 1891, Typenhebel-Schreibmaschine mit Oberaufschlag, Typenhebel halbkreisförmig zur Hälfte vor und hinter der Walze, dreireihige Tastatur, Farbkisseneinfärbung

Ein Wettbewerb und seine Folgen - 1888
Miß Jane Addey war eine selbstbewußte junge Dame von gerade 15 Jahren. Als sie Anfang Juli des Jahres 1888 ihre Schule verließ, schlenderte sie noch ein wenig die Hauptstraße von Cincinnati entlang, bevor sie zur Farm ihres Vaters zurückfuhr. Vor dem Wettbüro von Mister Corner bemerkte sie ein Plakat: „Zehn Finger gegen vier Finger - Umschaltmaschine gegen Volltastaturmaschine - Frank D. McGurrin gegen Louis Traub". Louis Traub? Das war doch ihr Lehrer! Jane zählte ihr Taschengeld, sie hatte noch zehn Dollar. Fünf Dollar wettete Jane auf den Sieg für Mister Traub. Sie wußte an diesem Tag noch nicht, daß sie einige Wochen später ihren Wetteinsatz verlieren würde.

Dann kam der 25. Juli 1888. Jane machte sich mit ihrer Freundin Rose auf den Weg in die Stadt. Mit ihr strömten viele Einwohner Cincinnatis und der weiteren Umgebung auf den Platz, auf dem der Wettkampf stattfinden sollte. 500 Dollar sollte der Gewinner erhalten. Auf dem Wettkampfplatz saßen bereits die beiden Konkurrenten, umgeben von ihren Mechanikern, die letzte Hand an die Schreibmaschinen legten. Hier wurde noch einmal der Mechanismus überprüft, dort etwas geölt und Papier zurechtgelegt.

Louis Traub begrüßte ein paar Bekannte. Er setzte sich an seine Schreibmaschine, rückte die Schirmmütze zurecht. Traub war Lehrer des Maschinenschreibens in Cincinnati und als Meisterschreiber berühmt. Viele kannten ihn auch als rührigen Vertreter der damals führenden Volltastaturmaschine „Caligraph". Jeder wußte, daß Mr. Traub mit vier Fingern auf seiner „Caligraph" eine hohe Schreibfertigkeit erzielte. Jane und ihre Freundin glaubten, daß Traub auch dieses Mal gewinnen würde.

Mister Frank D. McGurrin, Traubs Wettkampfgegner, war Büroangestellter in Salt Lake City. Er schrieb mit zehn Fingern

Wettbewerbe waren in dieser Zeit ein beliebtes Mittel, um auf Modelle aufmerksam zu machen und die Konkurrenz auszustechen

nach der Tastschreibmethode, die Mrs. Longley, Besitzerin einer Stenotypistenschule, entwickelt hatte. Seine Demonstrationen in Salt Lake City und anderen Städten erregten überall Aufsehen und Bewunderung.

McGurrin rückte seine „Remington" noch einmal zurecht. Er war recht zuversichtlich und seiner Sache sicher. Heute würde er wieder siegen. Mister Bennet, der Veranstalter, gab noch einmal die Wettkampfbedingungen bekannt: Zwei Wettbewerbe waren durchzuführen, einmal die Abschrift eines unbekannten Textes, für die eine Zeit von 45 Minuten vorgesehen war. Dann folgte noch das Schreiben eines Diktates, für das ebenfalls 45 Minuten zur Verfügung standen.

Schnell kam das Startkommando zum ersten Wettbewerb. Traubs und McGurrins Finger hetzten über die Tasten. Jane beobachtete ihren Lehrer Louis Traub. Sein Kopf wanderte ständig zwischen Text und Tastatur hin und her, seine Finger hasteten auf dem großen Tastenfeld der „Caligraph" von Taste zu Taste. Er brauchte zwar nicht umzuschalten, denn seine Schreibmaschine hatte eine Volltastatur, aber die Wege zu den Großbuchstaben waren doch recht lang. Jane blickte zu Mister McGurrin. Dessen Augen blieben auf den Text gerichtet. Er schrieb „blind" und brauchte daher nicht auf die Tasten zu sehen.

Das Schreiben des Diktates war für McGurrin noch leichter. Er schloß hin und wieder die Augen oder blickte zu seinem Konkurrenten hinüber. Traub konnte kaum der Ansage folgen. In der Zwischenzeit ermittelten flinke Helfer bereits die Ergebnisse des ersten Wettkampfteils. Mit großer Überlegenheit hatte McGurrin gewonnen. Man stellte fest, daß seine Schnelligkeit bei der Abschrift um drei Worte von Minute zu Minute zunahm.

Auch den zweiten Durchgang gewann McGurrin. Zufrieden nahm er die 500 Dollar entgegen. Jane und Rose hatten zwar ihren Wetteinsatz verloren, aber die Erkenntnis gewonnen, daß man mit zehn Fingern doch besser schreiben konnte.

9 Franz Xaver Wagner und die Wende in der Schreibmaschinenentwicklung

1

Es war im Jahre 1864. Preußen hatte gerade den Krieg gegen Dänemark beendet und rüstete für den nächsten Krieg gegen Österreich. Die Preußischen Armeen waren seit 1840 mit dem von Nikolaus von Dreyse erfundenen und in Sömmerda hergestellten Hinterladergewehr, dem Zündnadelgewehr, ausgerüstet. Viele Menschen verließen ihre Heimat, in der sie wegen der wirtschaftlichen und politischen Verhältnisse keine sichere Lebensgrundlage mehr finden konnten. Sie trugen sich mit der Hoffnung, daß es in der Neuen Welt besser werden könnte. Vom Kreis Weißensee in Thüringen waren es bis 1864 mehr als 1400 Auswanderer.

Franz Xaver Wagner, geb. am 20. Mai 1837 in Heimbach bei Neuwied

> **Franz Xaver Wagner, Auswanderer in die USA**
> *In Bremerhaven standen Franz Xaver Wagner, seine Frau und sein Sohn Hermann am Überseekai und warteten auf das Schiff, das sie nach Amerika bringen sollte. Franz Xaver Wagner dachte zurück an seinen Heimatort Heimbach-Weiß, in dem er am 20. Mai 1837 geboren wurde, an die naheliegende Stadt Neuwied und an den Rhein. Er erinnerte sich daran, wie er mit 12 Jahren Vollwaise wurde und bereits in jungen Jahren auf sich selbst angewiesen war. Er lernte Mechaniker und erweiterte seine Kenntnisse auf der Wanderschaft durch Deutschland. Mit 23 Jahren ließ er sich in Stuttgart nieder. Dort baute er Nähmaschinen und stellte diese fabrikmäßig bis 1864 her.*
> *Das Schiff nach Amerika war überfüllt mit deutschen Auswanderern. Nach langer stürmischer Überfahrt lag vor ihnen die Inselstadt Manhattan, umgürtet von ihren Docks. Die Neue Welt begrüßte die Ankömmlinge mit kaltem Wind und grauem Himmel. Die gespannte Erwartung hatte die Auswanderer noch vor Tagesanbruch von ihrem Lager getrieben. Was wird ihnen die Neue Welt bringen? Werden ihre Erwartungen erfüllt? Wie würden sie von den Einwanderungsbehörden behandelt?*
> *Schlepper bugsierten das Schiff an die Anlegestelle. Aus dem großen Schiffsleib strömten die Einwanderer. Sie wurden in hölzerne Baracken der Einwanderungsbehörden getrieben. Dort standen sie und warteten. Zwischen ihnen lagen weithin verstreut ihre Gepäckstücke, die ihre letzte Habe enthielten.*

So wie die anderen europäischen Einwanderer, mußte sich auch Franz Xaver Wagner zuerst um eine neue Lebensgrundlage bemühen. Er richtete sich eine eigene Werkstatt in New York ein. Dort versuchte er mit viel Fleiß und Umsicht, die ersten schweren Jahre mit seiner Familie zu überstehen. Er stattete seine Werkstatt mit einfachsten Mitteln aus. Eine Drehbank bediente er aus eigener Kraft. Er machte verschiedene Verbesserungen an mechanischen Geräten. Auch nützliche Erfindungen verhalfen ihm und seiner Familie zu einem bescheidenen Einkommen. Beispielsweise experimentierte er an einem Wassermesser. Bei einem Wettbewerb mit vierundzwanzig anderen Wassermessern gelang es ihm, das beste Ergebnis zu erzielen. Daraufhin wurde ihm sein Patent abgekauft.

2

Als in den Vereinigten Staaten die ersten Schreibmaschinen auf den Markt kamen, erweckten sie Wagners ganz besonderes Interesse. In der eigenen Werkstatt arbeitete er mit seinem Sohn Hermann an der weiteren Entwicklung und Vervollkommnung dieser Maschinen. Er erfand viele neue Vorrichtungen, die er an Schreibmaschinenhersteller weitergab. Wagner errang bald den Ruf, einer der „besten Erprober und Konstrukteure im Schreibmaschinenbau" zu sein. Es wurden ihm mehrere Angebote auf Einstellung in einer der Werkstätten gemacht. Er lehnte sie jedoch alle ab.

Wagner beteiligte sich mit seinem Sohn Hermann auch an der Weiterentwicklung der Remington-Schreibmaschine. Sie brachten gemeinsam mit Sholes und Glidden, den beiden Erfindern der Remington, Verbesserungsvorschläge ein. Wagners unermüdliches Bestreben ging dahin, eine Schreibmaschine zu bauen, die das Geschriebene sofort sichtbar werden läßt. Bis dahin sollte aber noch eine geraume Zeit verstreichen.

3

Wagners Bemühungen um eine bessere Schreibmaschine blieben nicht unbekannt. Georg Yost, ein tatkräftiger Unterstützer der Entwicklung von Schreibmaschinen in den Remington-

Werken, wurde bald auf Wagner aufmerksam. Es gelang ihm, Wagner für die Mitarbeit an einer neuen Schreibmaschine zu gewinnen. Nach Wagners Ideen entwarfen beide die „Caligraph". Das Modell 1 der „Caligraph", das nur Großbuchstaben schreiben konnte, besaß 48 Tasten. Die Herstellung dieses Modells wurde jedoch nach kurzer Zeit eingestellt. Wagner und Yost mußten an Remington Lizenzgebühren bezahlen, nachdem diese Firma ihr Angebot auf Übernahme zur Fabrikation abgelehnt hatte. Yost und Wagner entwickelten daraufhin ein neues Modell. Dabei waren Patente anderer Hersteller zu umgehen, was nicht immer leicht zu verwirklichen war.

Während dieser Zeit bemühte sich Yost, neue und einflußreiche Geldgeber zu finden, was ihm auch gelang. Im Jahre 1880 gründete er daraufhin die „Caligraph Patents Co.". Die „Caligraph" besaß den Unteraufschlag der Remington. Typenhebelkorb und Tastenfeld sowie die restliche Maschine waren größer, weil jedes Schriftzeichen seine eigene Taste und seinen eigenen Zug- und Typenhebel bekam. Auch der Farbbandmechanismus war der Remington ähnlich. Die nächsten Modelle hatten je sechs Tastenreihen mit zuerst 72, später 78 Tasten.

Die „Caligraph"-Schreibmaschine, 1880, USA, Unteraufschlagmaschine, Volltastatur

Von der „Caligraph" wurden sechs Modelle hergestellt, Modell 7 war ein Sondermodell mit breiterem Wagen. Später kam noch ein Umschaltemodell mit 42 Tasten heraus. Die Fabrikation wurde 1906 aufgegeben.

4

Yost war trotzdem mit der „Caligraph" nicht zufrieden. Er suchte eine Schreibmaschine ohne Umschaltung, mit der man zeilenmäßig schreiben konnte. Yost und Wagner hielten auch die Einfärbung durch das Farbband für einen Nachteil. Das veranlaßte Yost, mit Wagner und weiteren Mitarbeitern eine neue Schreibmaschine zu bauen. Das erste Modell wurde im Jahre 1887 fertig. Diese neue Maschine mit dem Namen „Yost" war eine Volltastaturmaschine mit der gewünschten Zeilengeradheit. Statt des Farbbandes hatten die Konstrukteure ein auswechselbares Farbkissen eingebaut. Die Kissenfärbung

„Yost"-Schreibmaschine, 1887, USA, Typenhebelschreibmaschine mit Unteraufschlag, Volltastatur mit 8 Reihen

erforderte eine ganz andere, viel kompliziertere Typenhebelkonstruktion als die anderer Typenhebelmaschinen. Typen und Tasten konnten abgenommen werden. Der Hebelkorb war unten und ringsherum abgeschlossen. Der Wagen mußte hochgehoben werden, um die Schrift zu erkennen. Das achtreihige Tastenfeld und auch der Wagen waren der „Caligraph" sehr ähnlich.

5

Im Jahre 1886 gründete Amos Densmore, der Bruder von James Densmore, eine eigene Fabrik und sicherte sich dazu u. a. auch die Mitarbeit Franz Xaver Wagners. Die ersten „Densmore" kamen 1891 auf den Markt. Wagner war maßgebend an der Entwicklung beteiligt. Die Konstruktion lehnte sich stark an das Modell 2 der „Remington" an. Sie hatte den üblichen Unteraufschlag und eine Universaltastatur.

„Densmore"-Schreibmaschine, Modell 2, 1891, USA, Typenhebel-Schreibmaschine mit Unteranschlag

Diese Schreibmaschine brachte wesentliche Verbesserungen im Vergleich zur Remington mit sich. Die „Densmore" war eine Typenhebelmaschine mit 42 Tasten für kleine Buchstaben und Zeichen. Hinzu kam die Umschaltung für große Buchstaben und Zeichen. Neu war auch die kreisförmige Anordnung der Typenhebel mit dem Anschlag von unten nach oben. Die Maschine hatte das einfache Hebelsystem der „Remington", sämtliche beweglichen Teile waren jedoch mit Kugellagern versehen. Wagner brachte hierbei schon einige Verbesserungen an, die insbesondere das Hebelsystem betrafen. So war die Zugstange bereits an einem kleinen Hilfshebel befestigt. Dieser umspannte an seinem anderen Ende den Typenhebel sehr lose, so daß dieser beim Tastendruck nicht ruckweise auf die Walze schlug, sondern ganz allmählich mit wachsender Kraft und Geschwindigkeit. Dadurch wurde ein leichterer Anschlag erzielt. Um das Geschriebene zu sehen, brauchte man nicht den ganzen Wagen aufzuheben, sondern nur mit einem Griff die Walze herumzudrehen. Sechs verschiedene Modelle wurden entwickelt und verkauft, das Modell 6 erhielt bereits einen Tabulator.

6

Franz Xaver Wagner war mit keiner seiner bisherigen Konstruktionen zufrieden. Er erkannte ihre Unzulänglichkeiten, die noch fast allen Schreibmaschinen anhafteten. Sein Ziel war es, eine Schreibmaschine zu bauen, die sofort und dauernd sichtbar schrieb. Seine Erkenntnisse, die er bei seiner Mitarbeit an der „Caligraph", der „Yost" und der „Densmore" in den Jahren 1880 bis 1887 erwarb, ließen ihn nicht ruhen und immer wieder nach neuen Möglichkeiten suchen. Die damals verbreitetsten Maschinen hatten noch einen kreisrunden Typenkorb, aus dem die Typenhebel mit Unteraufschlag auf die Walze trafen. Mit der Konstruktion entstand eine verdeckte Schrift. Um die zu lesen, mußte erst die Walze aufgeklappt werden. Es existierten allerdings auch schon ganz oder teilweise sichtbar schreibende Bauarten mit Ober-, Seiten- und Vorderanschlag in allen nur denkbaren Richtungen der Hebelbewegung. Die einfacheren Konstruktionen mit Typenrad und Typenschiffchen blieben an Schnelligkeit hinter den Typenhebelschreibmaschinen zurück.

Frister & Roßmann,
1892-1905

Typenhebelschreibmaschine mit Unteranschlag. Erste in Deutschland hergestellte Typenhebelschreibmaschine, Nachahmung der „Caligraph", Typenkorb, Volltastatur, ab 1899 mit Universaltastatur

10 Die „Underwood" - die erste sichtbarschreibende Typenhebelschreibmaschine

1

Eines Tages war es endlich soweit. Hermann Wagner zeigte seinem Vater eine Typenhebelbewegung, die bisher bei keiner der auf dem Markt befindlichen Schreibmaschinen vorhanden war. Franz Xaver Wagner wußte sofort, daß diese Hebelbewegung der richtige Weg zu einer sichtbar schreibenden Schreibmaschine sein könnte.

Hermann Wagner war es gelungen, durch Verbindung der Typen- und Tastenhebel mit einem Zwischenhebel einen fast reibungslosen Schwung des Typenhebels zur Vorderseite der Schreibwalze zu erreichen. Der neue Zwischenhebel mußte nur so umgeformt werden, daß ein Ausgleich für die unterschiedliche Lage der Hebel und die wechselnde Hebelbewegung geschaffen werden konnte. Da die Tastenhebel auf einer Geraden lagen, die Typenhebel jedoch in einem Kreisausschnitt, mußte ein Zwischenhebel diese reibungslose Verbindung herstellen. Hermann Wagner löste dieses Problem, indem er die Hebel durch Schlitze und Nippel so miteinander verband, daß sie bequem aneinander entlanggleiten konnten.

Franz Xaver Wagner kam zu der Feststellung, daß zur Lagerung der miteinander verbundenen Hebel ein stabiler Einbau notwendig sei. Dieser sollte die Aufgabe haben, die Typenhebel festzuhalten und sie sicher zur Aufschlagstelle zu führen. Er sollte weiter für eine Gleichmäßigkeit des Anschlags sorgen und die Typenhebelbewegung beschleunigen. Er entwickelte und konstruierte das Segment.

In dieses Segment wurden die Typenhebel eingehängt. Zur Führung der Typenhebel waren Schlitze vorgesehen. Wagner setzte auf das Segment noch eine zusätzliche Typenhebelführung. Durch dieses Segment wurde es möglich, daß der Typenhebel nach dem Tastenniederdruck an seinem Ende nach unten gezogen werden konnte und mit seinem oberen Ende an einem gemeinsamen Mittelpunkt, nämlich der Aufschlagstelle auf der Walze, auftraf.

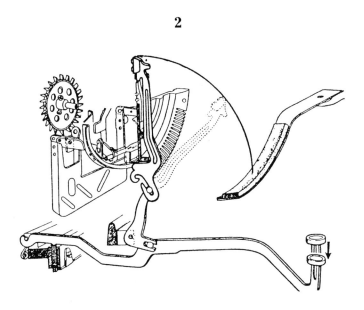

Das dreigliederige Typenhebelgetriebe von Franz Xaver Wagner und Hermann Wagner

Franz Xaver Wagner und Hermann Wagner erfanden diese richtungsweisende Vorrichtung im Jahre 1890. Sie fertigten weitere Modelle an und erprobten sie immer wieder. Endlich gelang es ihnen - nach Jahren des Experimentierens - eine Schreibmaschine herzustellen, die allen Anforderungen entsprach. Sie konnte durch den Vorderaufschlag eine Schrift erzeugen, die sofort sichtbar war.

Am 27. April 1893 wurde diese Erfindung zum Patent angemeldet. Kurze Zeit später gründete Wagner die „Wagner Typewriter Manufakturing Company" in New York. Von Anfang an mußte er mit großen Schwierigkeiten kämpfen, da ihm vor allem die Mittel zu eigenen Herstellung fehlten. So war er bald gezwungen, seinen Betrieb aufzugeben und die Fabrikation einem kapitalkräftigen Unternehmer zu überlassen. Er fand ihn in dem Sohn des Farbbandfabrikanten Underwood, der alle Patente und Herstellerrechte erwarb und 1895 die „Underwood Typewriter Company of New York" amtlich eintragen ließ.

Die Gesellschaft veranlaßte bald die serienmäßige Herstellung dieser ersten einwandfreien und zugleich sichtbar schreibenden Typenhebelschreibmaschine mit Vorderaufschlag. Die ersten 1000 Stück ließ Underwood in einer kleinen Werkstätte in New York anfertigen. 1896 wurde die Fabrikation nach Bayonne N. J. verlegt. Wagner verbesserte die Maschine in den nächsten Jahren zu einer perfekten Schreibmaschine, die die damals führende „Remington"-Schreibmaschine vom Markt verdrängte.

3

Die Modelle 1 und 2 (1896) der „Underwood" unterschieden sich von den nachfolgenden Maschinen durch die Tastenzahl: sie hatten 38 bzw. 42 Tasten. Die Schreibmaschinen hatten noch viele „Kinderkrankheiten". So waren zum Beispiel die Typenhebel noch sehr schwach. Modell 4 erhielt einen breiteren Wagen und viele kleinere Verbesserungen. Wagner arbeitete weiterhin mit voller Kraft an der Vervollkommnung dieser Schreibmaschine. Ihm sind noch weitere bedeutende Verbesserungen zu verdanken. Mit dem Modell 5 (1900) erlangte die „Underwood" ihre Vollendung, die ihr weltweite Verbreitung sicherte. Das Zweifarbband wurde eingeführt. So gelang es Franz Xaver Wagner, einen Kolonnensteller für die „Underwood" zu entwickeln. Eine wichtige Konstruktion Wagners war außerdem die Schaltbrücke, eine weitere Neuerung im Bau von Schreibmaschinen.

Die „Underwood", USA 1896, Typenhebelschreibmaschine mit Vorderaufschlag, erste sichtbar schreibende Typenhebelschreibmaschine

Bis zum Jahr 1930 wurde das Modell 5 der Maschine gebaut. Dutzende weiterer Firmen mühten sich seither, die „Underwood" zu kopieren, zu verbessern, ja zu übertreffen. Viele Menschen sahen in der „Underwood" jedoch die ideale Schreibmaschine. Die Segmentkonstruktion und der Typenhebelantrieb brachten der „Underwood" gegenüber anderer Schreibmaschinen außerordentliche Vorteile. Der Wagnersche Zwischenhebel und sonstige Einrichtungen dienten vielen amerikanischen und deutschen Schreibmaschinenfabrikanten als Vorbild. Dafür mußten sie an die Underwood-Gesellschaft Lizenzen bezahlen. Die „Underwood" war zu ihrer Zeit die schnellste Schreibmaschine der Welt und erreichte Weltruhm.

4

Mit der „Underwood" begann eine Umwälzung im Schreibmaschinenbau. Das Jahr 1897 kann insofern auch als „Revolutionsjahr" bezeichnet werden. Den Schreibmaschinen mit Vorderaufschlag hat Wagner die endgültige äußere Gestalt verliehen. Wagner und sein Sohn Hermann gehörten zu jenen, die sich nur mit dem Ruhm begnügen mußten. Nach ihren Erfindungen hätte die „Underwood" eigentlich den Namen „Wagner" tragen müssen. Mit ihrer ersten zufriedenstellenden Typenhebelschreibmaschine mit sofort sichtbarer Schrift leiteten sie eine ganz neue Ära in der Entwicklungsgeschichte der Schreibmaschinen ein.

1904 besuchte Franz Xaver Wagner noch einmal seine Heimat. Als sein Schiff New York verließ, dachte er an jenen Tag seiner Einwanderung im Jahre 1864. Er erinnerte sich an seine Erfolge, an seine vielen Konstruktionen, die den Weg für neue und bessere Schreibmaschinen ebneten. Damals ahnte er nicht, daß andere mit seiner Erfindung Millionen verdienen würden.

Die Freiheitsstatue - 1886 auf einer kleinen Insel vor Manhattan errichtet - grüßte zu seiner Rechten. Er hatte zwar die Freiheit gewonnen, die er damals ersehnte, aber der materielle Wohlstand, den er erhoffte, war ausgeblieben. Er wollte seine alte Heimat wiedersehen, den Rhein und seinen Heimatort Heimbach-Weiß bei Neuwied. Das Schiff dampfte nach Europa, nach Deutschland. Es war ein Abschied und sollte doch ein Wiedersehen werden.

Franz Xaver Wagner suchte in seinem Heimatort nach Spuren seiner Vergangenheit. Wie hatte sich Heimbach seit seinem Abschied verändert. Lange hielt es Wagner nicht in Deutschland. Er fuhr zurück in die Vereinigten Staaten. Im Alter von fast siebzig Jahren starb er am 8. März 1907 in New York. Sein Sohn Hermann fand im Jahr darauf den Tod.

11 Der Schreibmaschinenpionier Heinrich Schweitzer

1

Der Weg von Sundern in Westfalen nach Sömmerda in Thüringen ist weit. Für Heinrich Schweitzer führte der Weg steil bergauf. Es war ein schwieriger Weg. Am Ende stürzte er ab.

Es begann im vorigen Jahrhundert. Am 21. Juni 1873 wurde Heinrich Schweitzer in Geseke bei Paderborn geboren. In seiner dreijährigen Lehrzeit bei einem Schlossermeister in Paderborn zeigte sich seine technische Begabung.

Im Juli 1898 erschien die erste „Schreibmaschinen-Zeitung, die Monatsschrift für das gesamte Schreibmaschinenwesen", die von Otto Burghagen aus Hamburg herausgegeben wurde. Heinrich Schweitzer, Abonnent der „Schreibmaschinen-Zei-

Heinrich Schweitzer

tung", konnte dort lesen: „In einer Schreibmaschinenausstellung in Berlin vom 5. bis zum 12. März 1899 wird die erste sichtbarschreibende Typenhebelschreibmaschine vorgeführt. Damit soll den Fachleuten und Interessenten Gelegenheit gegeben werden, sich den Nutzen einer Schreibmaschine so richtig vor Augen zu führen. Durch diese Ausstellung können Bedenken zerstreut werden. Jetzt können auch größere Unternehmen in Deutschland die Zeit für gekommen halten, mit dem Bau von Schreibmaschinen zu beginnen."

Anzeige der „Underwood"-Generalvertretung J. Muggli

2

Am 10. März 1899, einem naßkalten Tag, fuhr Heinrich Schweitzer aus dem westfälischen Sundern mit der Bahn nach Berlin. In der Berliner Ausstellung stand er staunend vor der „Underwood"-Schreibmaschine und dachte: „Eine solche Maschine müßte man auch herstellen." Die „Underwood" erregte in Berlin großes Aufsehen und ihren endgültigen Durchbruch. Die „Underwood"-Schreibmaschine sollte das Vorbild für seine Maschine werden.

Heinrich Schweitzer begann am 1. Mai 1899 bei der Papierfabrik H. & A. Scheffer in Sundern als Konstrukteur und Techniker zu arbeiten. Er wußte, daß die Firma Scheffer 1898 die Vertretung der amerikanischen Jewett-Schreibmaschine für Deutschland übernommen hatte. In Sundern wurden Teile dieser Maschine in eigenen Werkstätten zusammengesetzt und in Deutschland verkauft. Er wußte auch, daß die „Jewett" ab 1892 in den USA produziert wurde. Sie war eine Unteranschlagmaschine mit dem Universal-Volltastenfeld und ähnelte vielen der damals hergestellten Maschinen. Die Firma Scheffer montierte die Teile unter der Bezeichnung „Germania-Jewett".

Schon in den ersten Tagen seiner Tätigkeit in der Firma Scheffer berichtete Heinrich Schweitzer dem Firmeninhaber von seinem Besuch der Berliner Ausstellung. Die Firma beabsichtigte, sich von der Montage der „Jewett"-Schreibmaschine zu trennen und eine eigene Schreibmaschine mit sofort sichtbarer Schrift herauszubringen. Der Firmeninhaber hörte sich die Vorstellungen des 28jährigen Heinrich Schweitzer an und sagte: „Herr Schweitzer, das Große im Leben geschieht nie ohne Wagnis. Ich stelle Ihnen eine Werkstatt zur Verfügung. Entwickeln Sie mir eine Schreibmaschine, die sofort sichtbare Schrift zeigt, wie Sie das bei der Underwood gesehen haben. Ihr Bruder Alexander kann Ihnen dabei helfen."

3

Es war im Jahr 1901. Große Ereignisse bewegten die Welt. Das erste Telefonkabel wurde von der Küste Amerikas durch den Stillen Ozean bis nach Manila auf den Philippinen verlegt. Bei Edison in New York fand die erste Filmvorführung statt. Das 20. Jahrhundert begann als Jahrhundert der Technik. Die Zeitungen berichteten unter anderem: „Die ‚Underwood'-Schreibmaschine tritt ihren Siegeszug um die Welt an. Bald erobert sie auch Europa."
Nachdem die Werkstätte der Firma Scheffer von Sundern nach Köln verlegt wurde, begann Heinrich Schweitzer mit der Konstruktion seiner ersten Schreibmaschine nach dem „Wagner-Prinzip". In der Mitte seines Raumes stand die Werkbank. Heinrich Schweitzer blickte auf die Zeichnung, die er sich vom Typenhebelgetriebe Franz Xaver Wagners angefertigt hatte und zeichnete mit einem Rotstift die eine oder andere Einzelheit auf die Blaupausen. Immer wieder verbesserte er verschiedene Einzelheiten seiner Konstruktion, bis er die Lösung gefunden hatte. Er sagte zu seinem Bruder Alexander: „So kann es gelingen."

Die erste in Deutschland entwickelte Schreibmaschine nach Underwood-Prinzip, die „Germania"

Es dauerte aber noch einige Zeit, bis Heinrich Schweitzer sein erstes Modell fertigstellen konnte. Endlich war ihm gelungen, die erste sichtbarschreibende Schreibmaschine nach dem „Underwood-Prinzip" in Deutschland zu entwickeln. Er baute für die Schreibmaschinenfabrik Sundern eine kleine Anzahl von Schreibmaschinen, die für eine kurze Zeit unter dem Namen „Universal" herauskamen. Es war die erste Schreibmaschine nach dem „Underwood-Prinzip", die in Europa hergestellt wurde. Sie sollte ursprünglich als „Germania visible" oder „Jewett visible" bezeichnet werden. Der Name der Schreibmaschine wurde bald jedoch in „Germania" umbenannt.

4

Am 1. November 1902 verkaufte die Firma Scheffer-Hoppenhöfer alle Patente und Fabrikationseinrichtungen an die Firma Schilling & Krämer in Suhl (Thüringen). Das bedeutete für Heinrich Schweitzer eine erneute Veränderung seines Tätigkeitsbereichs. Mit der Verlegung der Fabrikation nach Suhl wechselte auch Heinrich Schweitzer seinen Wohnsitz und zog nach Suhl. Dort arbeitete er weiter an der Verbesserung seiner Schreibmaschine. Anfangs hieß es, sie solle unter der Bezeichnung „Germania Modell 2" herauskommen. Bis 1904 arbeitete Heinrich Schweitzer mit mehreren Ingenieuren in Suhl an der weiteren Vervollkommnung seines Modells. Erst 1904 konnten die ersten Maschinen fertiggestellt werden. Sie erhielten den Namen „Regina".

Auch die „Regina"-Schreibmaschine wurde von Schweitzer nach dem „Underwood-Prinzip" mit dem Wagnerschen Hebelsystem und dem Segment entwickelt. Die neue Schreibmaschine hatte eine Universaltastatur mit 45 Tasten für 90 Schriftzeichen. Die Vorderwand war offen, so daß die Typenhebel beim Anschlag zu sehen waren. Die Typenhebel lagen so, daß sie durch ihr eigenes Gewicht zurückfielen. Bei einem späteren Modell erhielten die beiden unteren Tastenreihen besondere Tastenführungen, um ein Hin- und Herschwanken zu vermeiden. Die Farbbandumkehrung erfolgte selbsttätig. Die „Regina" wurde in drei Größen gebaut, die sich durch die Länge des Wagens unterschieden. Die Modelle 1 und 2 wurden bis 1906 hergestellt. Modell 3 kam 1907 heraus. Es folgte 1908 das Modell 4.

Inzwischen fand vom 24. Oktober bis zum 3. November 1908 die 2. Büromaschinenausstellung in Berlin statt. Die „Regina"-Schreibmaschine errang großes Aufsehen. Sie war ein vollendetes Produkt deutscher Ingenieurtechnik.

Modell 4 der „Regina"-Schreibmaschine aus Suhl

5

Für Heinrich Schweitzer erlangte ein unvermutetes Ereignis Bedeutung. Maximilian Noetzold aus Dresden, der ihn besuchte, machte ihm den Vorschlag, eine neue Schreibmaschine bei der Firma Clemens Müller GmbH, Dresden, zu konstruieren.

Nach anfänglichem Zögern stimmte Heinrich Schweitzer diesem Vorschlag zu und trennte sich von seiner bisherigen Firma in Suhl. Er trat 1909 als Betriebsleiter in die Firma Clemens Müller GmbH, Dresden ein. Innerhalb von sechs Monaten war das erste Modell fertiggestellt.

Die „Urania"-Schreibmaschine aus Dresden

In dieser Firma entwickelte Heinrich Schweitzer seine zweite Konstruktion. Die Maschine erhielt den Namen „Urania". Es war eine vierreihige Vorderanschlagmaschine nach Art der Wagnerschen „Underwood". Sie besaß 42 Tasten, Umschalter und Umschaltfeststeller links, Randsteller hinten, Papierlöser durch Drehen der Kurbel und ein Segment mit Prellring. Die Maschine war bereits mit einem Kolonnensteller mit Reitern hinter der Maschine ausgestattet. Das Modell 2 wurde im Jahre 1911 fertiggestellt. Es besaß ein Zweifarbband und ein neues Schaltwerk. Mit dem Modell 3 (1913) kam die Papieranlage, die automatische Bandumschaltung sowie die Umschaltung rechts hinzu. Vom Modell 4 an wirkte Heinrich Schweitzer nicht mehr an der Weiterentwicklung der „Urania" mit.

Der 1. Weltkrieg begann, und die Produktion von Schreibmaschinen wurde weitgehend eingestellt. Nach Ende des Krieges kehrte Heinrich Schweitzer zur Firma Clemens Müller nach Dresden zurück, um die Produktion der „Urania"-Schreibmaschine wieder auf den Vorkriegszustand zu bringen.

6

Im Sommer des Jahres 1919 erhielt Heinrich Schweitzer Besuch aus Sömmerda in Thüringen. Das Sömmerdaer Werk des Rüstungskonzerns „Rheinische Metallwaren- und Maschinenfabrik", welches bisher auf Rüstungsproduktion eingestellt war, suchte nach einem neuen Fabrikationszweig. Nach den Bestimmungen des „Versailler Vertrages" mußten sich alle deutschen Rüstungsbetriebe auf die Friedensproduktion umstellen. Die Konzernleitung in Düsseldorf faßte den Entschluß, in Sömmerda eine Schreibmaschinenproduktion aufzubauen. Man suchte nach einem geeigneten und erfahrenen Konstrukteur, der sich mit der Entwicklung von Schreibmaschinen seit längerer Zeit befaßt hatte. Die Wahl fiel auf Heinrich Schweitzer, der in der Schreibmaschinenkonstruktion als Fachmann bekannt war. Schweitzer arbeitete zu dieser Zeit wieder als Konstrukteur in Dresden bei der Firma Clemens Müller und war gerade mit der Weiterentwicklung der „Urania"-Schreibmaschine beschäftigt.

Der Direktor des Sömmerdaer Werkes machte Heinrich Schweitzer den Vorschlag, im Sömmerdaer Rheinmetallwerk eine Schreibmaschinenproduktion aufzubauen. Schweitzer konnte sich dazu aber nicht entschließen, da er seine alte Firma nicht verlassen wollte. Und so blieb dieser Versuch, Heinrich Schweitzer nach Sömmerda zu holen, zunächst ohne Erfolg.

Nach kurzer Zeit fuhren wiederum zwei Herren der Firmenleitung des Rheinmetallwerks in Sömmerda nach Dresden. Heinrich Schweitzer folgte diesmal der Einladung zur Besichtigung der Fabrikationsstätten in Sömmerda. Er stellte fest, daß ein

Umbau der Fabrik sehr gut möglich war. Am 13. Juni 1919 schloß Heinrich Schweitzer einen Vertrag mit der Firma für acht Jahre. Noch im gleichen Jahr siedelte Schweitzer nach Sömmerda über und begann sofort mit der Konstruktion einer neuen Schreibmaschine. Innerhalb eines Jahres entwickelte Schweitzer seine dritte Maschine, die den Namen „Rheinmetall" erhielt.

Die von ihm konstruierte Schreibmaschine galt als Spitzenleistung der Schreibmaschinenproduktion und sollte bald Weltgeltung erlangen. Im Februar 1920 lief die Schreibmaschinenfertigung mit siebenundvierzig Arbeitern an. Im Dezember 1920 waren bereits 111 Arbeiter mit der Schreibmaschinenherstellung beschäftigt. Im folgenden Jahr wurden bereits neunhundert Schreibmaschinen hergestellt.

Heinrich Schweitzer und seine drei Schreibmaschinen in seiner Sömmerdaer Wohnung

Das Schreibmaschinenmodell wurde betriebsintern als „Modell 8" bezeichnet. Die eigentliche Leistung bestand darin, daß die Einzelteile wegen ungeeigneter oder fehlender Fertigungs- und Spezialmaschinen größtenteils mit der Hand gefertigt werden mußten. Die „Rheinmetall" war eine vierreihige Vorderanschlagmaschine mit Typenhebelmechanismus, Segment, Prellanschlag, Typenführung, sowie Zeilenrichter nach Art der Wagnerschen „Underwood". Die einzelnen Teile des Gestelles wurden auf Formmaschinen hergestellt und aus Spezialgußeisen gegossen.

Das Gestell dieser ersten in Sömmerda entwickelten Schreibmaschine wies noch einige Besonderheiten auf, die sie von anderen Schreibmaschinen unterschied. So waren die Rippen am Gestell verstärkt, was der Maschine eine besondere Standhaftigkeit verlieh. Außerdem machte Heinrich Schweitzer den Querschnitt der Gußteile so stark, daß die Festigkeit höchsten Anforderungen entsprach. Die Bewegung des Farbbandes erfolgte durch eine Universalschiene. Den Übergang von einer Farbbandfarbe zur anderen regelte ein Umschaltmechanismus. Die Typenhebel ließ Schweitzer aus Chromnickelstahl herstellen, die Lagerstellen wurden gehärtet. Sie waren auswechselbar. Der Wagen besaß eine breite Führung mit acht Laufrollen, die kreuzweise gegeneinander versetzt waren. In seinem Schwerpunkt lief der Wagen auf einer Gleitschiene über eine mit Kugellager versehene Rolle. Die Randlöser links und rechts befanden sich oberhalb der Tastatur, die Randsteller für die linke und rechte Zeilenbegrenzung waren hinter der Maschine angebracht.

Die erste Sömmerdaer Rheinmetall- Schreibmaschine,
Standard Schreibmaschine Modell 8

Der Wagen der Schreibmaschine hatte ein geringes Gewicht. Das ermöglichte einen schnellen Wagenlauf und somit für den Schreiber eine hohe Schreibgeschwindigkeit. Der Wagen konnte durch das Lösen einer Halteschraube herausgenommen werden. Die Umschaltung auf Großbuchstaben wurde durch eine stark angespannte, regulierbare Feder unterstützt.

Von diesem konstruierten Schreibmaschinenmodell wurden bis 1925 bereits 2727 Stück im Sömmerdaer Rheinmetallwerk hergestellt.

7

1926 kam ein zweites Modell im Sömmerdaer Werk heraus. Es erhielt die Bezeichnung „Rheinmetall Duo". Diese Maschine war eine interessante Neukonstruktion und fast eine kleine Weltsensation, denn bisher gab es keine Schreibmaschine mit derartigem Leistungsumfang. Die „Rheinmetall-Duo" besaß eine doppelte Umschaltung, so daß man 176 Zeichen schreiben konnte. Es war nun möglich, gleichzeitig zwei verschiedene Schriftarten oder gar Schriftzeichen einer fremden Sprache auf einer Maschi-

„Rheinmetall Duo", Schreibmaschine mit doppelter Umschaltung für alternative Zeichensätze

ne zu verwenden. Bei der Maschine konnten aber auch - mit entsprechendem Zeichensatz auf Wunsch der Anwender - ein Schreibmaschinenwagen verwendet werden, der, wie in orientalischen Ländern üblich, nach rechts läuft. Einen weltweiten Durchbruch konnte diese Schreibmaschine jedoch nicht erzielen.

Nachdem Heinrich Schweitzer eine leistungsfähige Schreibmaschinenproduktion in Sömmerda aufgebaut hatte, mehrten sich die Schwierigkeiten mit der Düsseldorfer Konzernleitung. Offensichtlich wollte man den bekannten Schreibmaschinenfachmann aus dem Werk in Sömmerda verdrängen und die ihm zustehenden Lizenzbeträge nicht auszahlen. Die Firmenleitung engagierte einen Gegenspieler, der aber wenig Erfahrung in der Schreibmaschinenfertigung besaß. Alle Mängel, die aufgrund der mangelnden Fachkenntnis dieses Mannes entstanden, wurden Heinrich Schweitzer angelastet. Verbittert mußte er hinnehmen, daß er um die Früchte seiner Leistungen betrogen werden sollte.

Das Sömmerdaer Rheinmetallwerk in den 20er Jahren

Am 2. März 1927 starb Heinrich Schweitzer im Alter von 53 Jahren. Welchen Verlust die deutsche Schreibmaschinenindustrie durch den Tod dieses über große Kenntnisse und einen reichen Erfahrungsschatz verfügenden Schreibmaschinenkonstrukteur erlitt, wird aus einem Nachruf der Rheinischen Metallwaaren- und Maschinenfabrik in Sömmerda ersichtlich:

Nachruf.

Ein unerwarteter Tod hat heute morgen unseren langjährigen Mitarbeiter

Herrn Heinrich Schweitzer

im Alter von 53½ Jahren abberufen.

Ausgerüstet mit den besten Erfahrungen einer vielseitigen Werkstatt-Praxis und über ausgezeichnete theoretische Kenntnisse verfügend, trat der Verstorbene im Jahre 1919 in unsere Dienste, um die Einrichtung unserer Schreibmaschineabteilung in die Hand zu nehmen und die Fabrikation dieser Maschine zu leiten. In Jahren schwerer wirtschaftlicher Krisen und Kämpfe hat Herr Schweitzer seine ganze Kraft mit voller Hingebung in den Dienst der Sache und unseres Unternehmens gestellt und durch Fortentwicklung seiner Ideen manche Verbesserungen geschaffen. Mit ihm verliert die gesamte deutsche Schreibmaschinen-Industrie einen ihrer ältesten befähigten Pioniere. — Sein Name ist mit der von ihm hergestellten Maschine aufs Engste verbunden und wird in unserem Hause nicht vergessen werden.

Ehre seinem Andenken.

Rhein. Metallwaaren- u. Maschinenfabrik
Sömmerda, Aktiengesellschaft.

Nachruf.

Wir erfüllen hiermit die traurige Pflicht, von dem unerwartet schnellen Ableben unseres Betriebsleiters

Herrn Heinrich Schweitzer

Kenntnis zu geben.

Mit Herrn Schweitzer verliert die gesamte deutsche Schreibmaschinen-Industrie einen ihrer ältesten befähigten Konstrukteure, dessen Andenken nicht in Vergessenheit geraten wird.

Rheinische Metallwaren- u. Maschinen-Fabrik, Sömmerda A.-G.

Nachruf in der „Bürobedarf-Rundschau"

12 Die „Rheinmetall"- Schreibmaschinenherstellung in Sömmerda

1

Im Jahre 1929 kam das „Rheinmetall Modell 9" heraus. Heinrich Schweitzer hat an der Fertigstellung dieses Standardmodells nicht mehr entscheidend mitwirken können. Aber inzwischen waren im Sömmerdaer Rheinmetallwerk hervorragende Ingenieure und Fachkräfte herangebildet worden, die ab Mitte der 20er Jahre bei der Weiterentwicklung der Schreibmaschine eine rege Tätigkeit entwickelten. Das wurde am „Modell 9" sichtbar.

Dieses Modell ist die „genormte Rheinmetall". Das herausnehmbare Schaltwerk war jetzt an der Wagenführung hängend angeordnet. Dadurch wurde es stabiler und kleiner. Jetzt konnten auf jeder Maschine verschieden breite Wagen aufgesetzt werden. Zeilenrichter und Postkartenhalter waren nicht mehr

Rheinmetall Modell 9

am Segment, sondern am Umschaltrahmen befestigt. Sie hoben sich beim Umschalten mit der Walze. Die Tastatur besaß jetzt 45 Tasten. Die Typenhebel trugen einen Typenschutz. Auch die automatische Farbbandumschaltung wurde verbessert. Die Bandumschaltung erfolgte jetzt schlagartig, so daß beim Umschalten kein Stillstand mehr entstand. Die Einstellung auf verschiedene Farbzonen wurde auf die rechte Seite verlegt.

2

Zur gleichen Zeit kam die „Rheinita", die als besonders leistungsfähiges Gebrauchsmodell bezeichnet wurde, zu einem niedrigem Preis auf den Markt. Außenmaße und Material entsprachen dem „Modell 9". Es war eine vereinfachte Maschine, an der auf einige für den normalen Schreibgebrauch entbehrliche Einrichtungen verzichtet worden war. Sie hatte aber bereits

„Rheinita"-Schreibmaschine

eine fünffache Zeilenschaltung, einen Umschaltfeststeller, zwei Randsteller, eine Wagenskala, ein herausnehmbares Schaltwerk, eine individuelle Anschlagregulierung, einen 25 cm breiten Wagen sowie ein genormtes Tastenfeld und Typenhebel mit Pica-Schriftzeichen.

3

Im gleichen Jahr kam auch das „Modell Z" heraus. Es war als Zwischenmodell eine vereinfachte Version der Standard-Schreibmaschine. Diese Maschine besaß ebenfalls einen abnehmbaren und damit auswechselbaren Wagen sowie einen Setztabulator. Dieser konnte mit einer Sondertaste eingestellt und dann einzeln oder auch insgesamt gelöst werden.

4

Die Kleinschreibmaschine hat eine eigene Vorgeschichte. Bereits 1923 hatte Heinrich Schweitzer mit der Firmenleitung über die Herstellung einer Reiseschreibmaschine verhandelt. Er verlangte dafür 50 000 RM und bis 1929 eine Stückprämie für mindestens 10 000 Maschinen. Obwohl die Firmenleitung damit einverstanden war, wurde die Entwicklung jedoch nicht vorangetrieben. Erst 1930 reifte der Entschluß, eine Kleinschreibmaschine in das Produktionsprogramm aufzunehmen. Doch an eine Neukonstruktion war nicht zu denken.

Da bot sich die Übernahme einer bereits auf dem Markt befindlichen Kleinschreibmaschine der Firma Stoewer aus Stettin an. Bernhard Stoewer brachte schon 1912 ein Reisemodell heraus, das er „Stoewer Elite" nannte. Diese Maschine zählte bald zu den führenden Kleinschreibmaschinen und erfreute sich großer Beliebtheit. Bis 1926 wurden mehr als 20 000 Maschinen hergestellt und verkauft. Sie besaßen jedoch eine dreireihige Tastatur und waren inzwischen unmodern geworden. Daher brachte die Firma Bernhard Stoewer nunmehr eine vierreihige Kleinschreibmaschine heraus. Diese Maschine fand schnell einen großen Absatz. Bis 1930 wurden über 7000 Maschinen hergestellt. Ab 1930 häuften sich jedoch die finanziellen Verluste und am 6. August 1930 mußte die Firma ihren Betrieb einstellen. Als die Firma in Konkurs ging, war bereits ein neues Modell einer modernen Kleinschreibmaschine nahezu fertiggestellt. Hier ergriff die Firma Rheinmetall in Sömmerda ihre Chance.

So konnte die verhältnismäßig weit entwickelte Konstruktion samt Fabrikationseinrichtung der in Konkurs geratenen Firma Bernhard Stoewer aus Stettin aufgekauft werden. Die Kleinschreibmaschinen wurden in Sömmerda ab 1931 mit blauer, roter, grauer, grüner oder schwarzer Lackierung angeboten. Besonders auffällig sahen Maschinen in eichen-, elfenbein- oder mahagonifarbener Lackierung aus. Selbstverständlich gehörte ein schwarzer Handkoffer dazu.

Die Kleinschreibmaschine besaß 44 Schreibtasten, zwei Umschalter, eine Rücktaste an der rechten Seite sowie einen Randlöser an der linken Seite. Das Farbband konnte mit einem an der rechten Gestellseitenwand befindlichen Drehknopf umgespult werden, im übrigen erfolgte die Farbbandumkehr automatisch. Den Übergang von der Bandfarbe zeigte ein kleiner Zeiger an, der rechts vorn angebracht war. Der Zeilenschalter an der linken Seite des Wagens war ziemlich lang und von der Tastatur aus leicht erreichbar. Es gab drei Zeilenabstände. Man konnte sogar auf vorgedruckte Linien schreiben. Das Zurückschieben des Wagens in die Ausgangsstellung erfolgte fast geräuschlos.

Die kleine „Rheinmetall" war damals die einzige Kleinschreibmaschine, bei der man die Typenhebel heraus- sowie den Wagen abnehmen konnte. Links vor der Farbbandgabel befand sich ein kleiner Hebel. Drückte man ihn nach unten, konnte man den

„Rheinmetall"-
Kleinschreibmaschine
mit Koffer

betreffenden Typenhebel aus dem Segment entfernen. Um den Wagen abzunehmen, mußten zwei Verschlußhaken an der Rückseite der Maschine zurückgelegt werden. Rechts am Wagen befand sich außerdem noch der Papierlöser. Der Wagenlöser war doppelt vorhanden. Später wurde die Maschine auf Wunsch mit einem Setztabulator geliefert.

5

Im Jahr 1932 kam die „Rheinita-Record" heraus. Es war eine weiteres vereinfachtes Rheinmetallmodell mit den gleichen Ausmaßen und aus dem gleichen Material wie die Rheinmetall-Modelle „9" und „Z". Die „Rheinita-Record" besaß keinen Kolonnensteller und wurde ohne Holzschutzhaube geliefert. Sie besaß aber das herausnehmbare Schaltschloß und die individuelle Anschlagregulierung, ferner eine fünffache Zeilenschaltung, einen Walzenstechknopf, selbsttätige Farbbandumschaltung sowie eine Einrichtung zum Matrizenschreiben. Auch diese einfache Maschine wurde mit 25 cm breitem Wagen, mit genormtem Tastenfeld und mit Picaschrift geliefert.

„Rheinita-Record"

6

Im Jahre 1934 kam ein ganz neues Modell mit veränderter Tastatur auf den Markt. Diese Schreibmaschine erhielt den Namen „Herold" und wurde als umwälzende Neuerung bezeichnet.

Seit der Entwicklung der Schreibmaschinen sind immer wieder unterschiedliche Formen der Tastatur entstanden. Die vierreihige Tastatur hat sich durchgesetzt und ist bis heute erhalten geblieben. Aus ergonomischer Sicht ist diese Tastenanordnung nicht optimal. Sie zwingt zu einer unnatürlichen Handhaltung und führte deshalb leicht zu Ermüdungserscheinungen in der Unterarmmuskulatur, die oft chronische Entzündungen hervorriefen.

Bereits 1913 machte der Handelsschuldirektor Jahn aus Oppeln Vorschläge für eine geteilte Tastatur. 1925 wurde von Fritz Heidner, Alpirsbach, ein Patent für ein geteiltes Tastenfeld angemeldet. Aber erst 1934 entwickelte die Firma Rheinmetall eine Schreibmaschine mit Daumenumschaltung. Sie sollte als neue „Umschaltvariante" gefeiert werden. Bei dieser Maschine paßte sich ein zweiteiliges Tastenfeld an die Lage der Hände an. Die Umschalttaste befand sich zwischen diesen beiden Tastaturteilen und mußte mit dem Daumen bedient werden. Diese Art der Umschaltung wurde auf Vorschlag von Julius Kupfahl aus Leipzig entwickelt. Mit dieser Konstruktion sollte erreicht werden, daß die an sich schwachen kleinen Finger, die den oft schwer zu drückenden Umschalter zu bedienen hatten, entlastet würden. Diese Daumenumschaltmaschine mit der in der Mitte abgeknickten Tastatur konnte sich jedoch nicht durchsetzen. So kehrte die Firma Rheinmetall zu den Umschaltern links und rechts neben der Tastatur zurück. Die „Herold-Schreibmaschine" wurde als Standard- und als Kleinschreibmaschine hergestellt.

Die „Herold" als Kleinschreibmaschine

Die „Herold" als Standardschreibmaschine

7

Die Rheinmetall-Schreibmaschine „Modell 10", 1936 herausgekommen, brachte zahlreiche, den Kundenwünschen angepaßte Neuerungen. Das künftige Standardmodell wies gegenüber dem „Modell 9" folgenden Änderungen auf: Der Wagen war in Schräglinie angeordnet, die Papierauflage wurde flacher gelegt und mit einer Skala versehen, wodurch das Einstellen der Randsteller einfacher ausgeführt werden konnte. Der Wagen war mit der Maschine nicht mehr fest verbunden, sondern durch Lösen zweier Rändelmuttern abnehmbar. Auf ein und derselben Grundmaschine ließen sich dadurch vier verschiedene Wagenbreiten verwenden.

Die Wagen waren so genormt, daß nachzuliefernde Wagenbreiten auf bereits verkaufte Wagen paßten. Bei Lieferung eines 62 cm breiten Wagens wurde eine Grundplatte aus Leichtmetall beigefügt, bei der die hinteren Füße weit auseinander lagen und der Maschine dadurch einen festen Stand gaben. Eine Randsteller-

Schreibmaschine mit verbreiterter Wagenführung

Schreibmaschine mit Endlos-Formulartechnik

zahnstange und eine Tabulator-Reiterstange befanden sich hinten am Wagen. Der Tabulator war als Setztabulator konstruiert und mit Fliehkraftbremse versehen. Das Maschinengestell wurde seitlich durch eingesetzte Preßstoffplatten abgedeckt. Der Zeilenschalter war verlängert und nach unten abgebogen.

Auf Wunsch konnte die Maschine mit elektrischem Wagenaufzug und gleichzeitiger Zeilenschaltung geliefert werden. Eine Sperrung der Tasten erfolgte durch eine Schaltwerksperre, wodurch ein Schreiben von Zeichen beim Eintreten der Tastensperre nicht mehr möglich war.

Die Rheinmetall-Schreibmaschinen wurden mit verschiedenen Schriftarten des lateinischen Alphabets hergestellt. Für das Ausland konnten andere Spezialtastaturen angeboten werden, die eine andere Anordnung oder sogar andere Schriftzeichen, wie zum Beispiel hebräische oder islamische, enthielten.

Islamitische Schreibmaschine

8

Trotz der im Sömmerdaer Werk beginnenden Rüstungsproduktion ab 1933 wurde an der Weiterentwicklung von Schreibmaschinen gearbeitet. Die bedeutendste Neuerung war die

Fakturiermaschine, eine „rechnende Schreibmaschine" oder „schreibende Rechenmaschine", an der schon seit 1932 gearbeitet wurde. 1937 erhielt sie als erste mechanische Fakturiermaschine auf der Internationalen Weltausstellung in Paris, die am 26. Mai eröffnet wurde, den „Grand Prix". Der Konstrukteur dieser Maschine, August Kottmann, besuchte Mitte Juni 1937 die Ausstellung. Ende November, nach Auswertung aller Exponate, erhielt August Kottmann die Urkunde und die Medaille.

Die Produktion von Schreibmaschinen ging auch nach Kriegsbeginn noch einige Zeit weiter. Im Jahre 1941 wurde die Schreibmaschinenproduktion eingestellt.

Urkunde und Medaille des „Grand Prix" 1937 für die von August Kottmann konstruierte Fakturiermaschine

13 Neuanfang 1945 bis zum Ende der Schreibmaschinenproduktion in Sömmerda

1

Anfang April 1945 zeichnete sich das baldige Ende des 2. Weltkrieges ab. Sömmerda hatte keine Zerstörungen durch Bomben oder andere Kriegshandlungen erfahren. Am 10. April 1945 wurde das Rheinmetallwerk geschlossen und alle Belegschaftsangehörige „beurlaubt". Der Krieg war für die Sömmerdaer Einwohner beendet, als am 11. April die ersten amerikanischen Panzer in die Stadt einrückten, die Stadt besetzten und Offiziere der US-Armee in das Verwaltungsgebäude der Firma Rheinmetall-Borsig kamen.

Anfang Juni 1945 genehmigten die amerikanischen Besatzungstruppen im Werk Reparaturarbeiten an Kraftfahrzeugen, Landmaschinen und Büromaschinen sowie die Wiederaufnahme der Büromaschinenherstellung in geringem Umfang. 270 Beschäftigte wurden dafür eingestellt.

Am 3. Juli 1945 löste das sowjetische Militär die amerikanischen Soldaten als Besatzungsmacht ab. Auf Anordnung der sowjetischen Militärverwaltung wurde im Rheinmetallwerk die serienmäßige Herstellung ziviler Produkte aufgenommen. Schreib- und Rechenmaschinen sollten als Reparationsleistung für die Sowjetunion produziert werden. Ab August 1945 wurde die Produktion von zwölf bis fünfzehn Schreibmaschinen pro Tag gefordert. Das gelang nur unter großen Schwierigkeiten, da die Schreibmaschinen mit kyrillischer Schrift versehen werden mußten. Im Juli 1945 waren bereits 815 Arbeiter im Werk beschäftigt. Bis Ende des Jahres konnten schon 105 Kleinschreibmaschinen und 450 Standardschreibmaschinen in die Sowjetunion geliefert werden.

Im Winter 1945/46 setzte die Demontage des Werkes durch die sowjetische Militärregierung ein. Siebzig Prozent des Werkes wurden demontiert. Im Juni 1946 gingen die für die zivile Produktion arbeitenden Teile des Sömmerdaer Werkes als Reparationszahlung in sowjetisches Eigentum über. Die Produktion von Büromaschinen konnte trotz großen Materialengpässen weiter gesteigert werden. Bis Ende 1946 wurde die Schreibmaschinenfertigung mit über 11000 Stück angegeben.

Ab 1947 entwickelten Sömmerdaer Ingenieure die erste Großschreibmaschine „GS". Sie löste damit die bisherige Standardschreibmaschine ab. 1949 begann die Serienherstellung dieses Modells.

2

Bei den bisherigen Schreibmaschinen war das 3-Hebelsystem, das heißt Tastenhebel, Zwischenhebel und Typenhebel nach dem „Wagner-Prinzip" noch bestimmend. Jetzt wurde mit der Großschreibmaschine „GS" bei der Neukonstruktion das 5-Hebelsystem eingeführt. Dadurch erreichte man mit weniger Kraft

Großschreib-
maschine „GS"
Rheinmetall

eine höhere Schreibgeschwindigkeit. Diese mechanisch betriebene Schreibmaschine hatte bereits eine Segmentumschaltung sowie eine fünffache Zeilenschaltung und wurde in verschiedenen Wagengrößen, z. B. mit 24, 38, 45 oder 62 cm breitem Wagen, geliefert.

Großschreibmaschine mit kyrillischer Tastatur u. Spezialwagen für russische Formulare

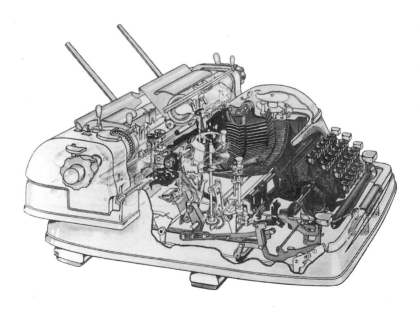

Schnittdarstellung der Großschreibmaschine GS

Es gab verschiedene Ausführungen der Großschreibmaschine, z. B. mit Kohlebandeinrichtung anstelle des normalen Farbbandes für besonders hohe Schriftqualität (Druckvorlagen etc.)

Ab 1947 exportierte das Sömmerdaer Büromaschinenwerk auch wieder Schreibmaschinen in viele europäische Länder. Die Großschreibmaschinen wurde von 1945 bis 1962 hergestellt. Nach Firmenangaben sind in dieser Zeit über 250 000 Maschinen produziert worden.

3

Auch eine elektrische Version, wurde ab 1954 im Rheinmetall VEB Büromaschinenwerk hergestellt. Sie trug die Bezeichnung „Rheinmetall GSE" und war eine vollelektrische Schreibmaschine mit 32 oder 45 cm breitem Wagen, fünffacher Zeilenschaltung, Segmentumschaltung. Als Besonderheiten wies sie einen Typenhebelentwirrer, Anschlagregler und eine automatische Stromabschaltung nach 30 Sekunden Nichtbenutzung auf. Der Motor arbeitete mit Hilfe einer Zahnradwelle.

Die elektrische Großschreibmaschine wurde bis 1977 hergestellt. Nach Firmenangaben sind davon nahezu 120 000 Stück produziert worden. 1966 entstand der erste Schreibautomat mit

Rheinmetall GSE, die elektrische Großschreibmaschine „Soemtron"

dem Schreibwerk 527. Er wurde nur in geringer Zahl bis 1977 im Werk hergestellt. Danach wurden Schreibwerke der Baureihe 528 - 537 für die Buchungs- und Fakturierautomaten gebaut.

Mit dem Übergang von der Elektromechanik zur Elektronik begann ein neues Zeitalter für das Büromaschinenwerk Sömmerda. Mit der Herstellung von Abrechnungsautomaten wurde die Produktion auf andere Gerätearten ausgeweitet.

Die Schreibbuchungsmaschine mit doppelter Vorsteckeinrichtung

Die Abrechnungsautomaten kombinierte eine elektrische Schreibmaschine mit einer elektronischen Rechen-, Speicher- und Programmeinheit. Sie trugen das neue Warenzeichen „Soemtron". Vor dieser Bezeichnung war auch das Firmenzeichen „Supermetall" gebräuchlich.

Als Ergänzung des Schreibmaschinenprogramms wurde die nichtrechnende Rheinmetall-Schreibbuchungsmaschine entwickelt. Das ist eine elektrische Schreibmaschine mit einem besonderen Wagen, auf dem eine doppelte halbautomatische Vorsteck-Einrichtung für Kontokarten aufgesetzt werden kann. Der Karteneinzug erfolgt durch Hebelzug.

Als weitere Ergänzung des Produktionsprogramms entwickelten Konstukteure des Sömmerdaer VEB Robotron Büromaschinenwerks bis 1981 einen „Bürocomputer" mit der Bezeichnung A 5110. Nach den Konstruktionsmerkmalen und Aufgaben gehört dieser Bürocomputer zu den Textsystemen (nach DIN 2140). Mit entsprechende Software ausgestattet, konnte er auch zur Textverarbeitung eingesetzt werden. Von 1981 bis zur Herstellung der Produktion im Jahre 1987 wurden mehr als 4000 Stück hergestellt.

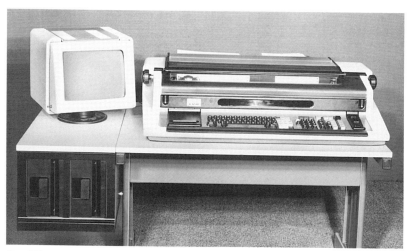

Der Bürocomputer A 5110, 1981-1987

Um Kapazitäten für die Herstellung der neuen Geräte zu schaffen, wurde die Fertigung mechanischer Büromaschinen weitgehend eingestellt. Erst lief die Produktion der Kleinschreibmaschine aus, dann folgte das Ende der Herstellung der mechanischen Großschreibmaschine. Mit dem Ende der Schreibmaschinenproduktion in Sömmerda zeichnete sich auch weltweit eine Veränderung des maschinellen Schreibens ab. Die Ära der Computertextverarbeitung begann. In Verbindung mit Textverarbeitungsprogrammen erledigen Computer komfortabler und schneller nahezu alle Schreibarbeiten, die über 100 Jahre von der guten alten Schreibmaschine ausgeführt worden sind.

Anhang

So sehr man forscht, so ist es eben:
Die Keilschrift-Schreibmaschin' hat's nicht gegeben.

1 Briefmarken zur Kulturtechnik Schreiben

Briefmarken aus Österreich, 1965: „Schreiben als Kulturtechnik"

Briefmarke aus Österreich, 1993: „Peter Mitterhofer, Erfinder der Schreibmaschine"

Briefmarke aus der Slowakei, 1994: „Wolfgang Kempelen, 1734-1804", Erfinder einer Schreibvorrichtung

2 Der Schreibmaschinenbau in Deutschland ab 1900

1
Die Zeit bis zum Ersten Weltkrieg

Mit der Konstruktion der sichtbar schreibenden amerikanischen „Underwood"-Schreibmaschine waren das Ende und der Beginn zweier Perioden im Schreibmaschinenbau markiert. Nach Europa gelangten amerikanische Schreibmaschinen, die alsbald Nachahmer, insbesondere in einschlägigen Fabriken, in Fahrradwerken oder Nähmaschinenfabriken fanden. Wegen der großen Nachfrage wurde auch der Bau billiger Maschinen angestrebt und dabei auf Konstruktionen der Vergangenheit zurückgegriffen. Sie waren allerdings nur eine begrenzte Zeit auf dem Markt. Es setzte sich allmählich die Standardschreibmaschine nach den Konstruktionsprinzipien der „Underwood" durch.

Bis zum Beginn des Weltkrieges 1914 wurden in Deutschland folgende Schreibmaschinen entwickelt und fabriziert:
- **„Ideal" (1900)**, erste deutsche vierreihige Schwinghebel-Schreibmaschine
  Hersteller: Aktiengesellschaft vorm. Seidel & Naumann, Dresden

Standardschreibmaschine „Ideal"

- **„Imperial" (1900)**, dreireihige Schreibmaschine mit selbstschlagendem Typenrad
  Hersteller: Heinrich Kochendörfer, Leipzig
- **„Adler" (1900)**, Schreibmaschine mit Stoßstangensystem, doppelte Umschaltung, dreireihige Tastatur mit je 10 Tasten. Die „Adler"-Schreibmaschine wurde bereits 1899 entwickelt. Ab 1913 kam die „Klein-Adler" heraus; es war die erste Kleinschreibmaschine mit Stoßstangen. Später wurde die Standardschreibmaschine mit Schwinghebeln hergestellt.
  Hersteller: Adlerwerke vorm. Heinrich Kleyer AG Frankfurt a. M.

Kleinschreibmaschine Adler Modell 32, 1931

„Adler" Schreib-
maschine mit
Stoßstangensystem,
„Modell 7"

Standard-
schreibmaschine
„Adler" mit Schwing-
hebel, 1933

- **„Kanzler" (1903)**, Schreibmaschine, bei der die Typenhebel gegen die Walze stoßen. Eine Gruppe von vier übereinander angeordneten Tasten hat nur einen Typenhebel mit je 8 Schriftzeichen. Bei dem vierreihigen Tastenfeld sind die Tastenreihen gebogen.
Hersteller: AG für Schreibmaschinen-Industrie, Berlin

- **„Polygraph"** **(1903)**, einfache Typenhebelschreibmaschine
  Hersteller: Polyphon-Musikwerke, Waren bei Leipzig
- **„Stoewer"** **(1903)**, sichtbarschreibende Vorderaufschlag-Schreibmaschine
  Hersteller: Stoewer-Werke, Stettin

Stoewer
Sreibmaschine
Modell IV, 1907

- **„Mignon"** **(1903)**, Eintasterschreibmaschine
  Die Maschine hatte statt Schreibtasten ein rechtwinkliges Tastenfeld, auf dem rechts die kleinen, links die großen Buchstaben und außen herum die Ziffern und Zeichen angebracht waren. Zum Schreiben wird der Führungsstift auf das Tasten-

Mignon, AEG Erfurt, 1920

feld geführt und der Druckhebel niedergedrückt. Die Typenwalze besitzt 7 Zeilen und 84 Zeichen. Die Maschine hat ein schmales Farbband. Das Geschriebene ist sofort sichtbar. Herstellerfirma: Europa-Schreibmaschinen AG, Erfurt. Die Firma wurde als Tochtergesellschaft der AEG 1903 unter dem Namen „Union-Schreibmaschinengesellschaft" gegründet. Die Produktion wurde 1933 eingestellt.

- **„Continental" (1904)**, Typenhebel-Schreibmaschine mit Vorderaufschlag, auch Kleinschreibmaschinen, Buchungsschreibmaschinen
Hersteller: Wanderer-Werke, vorm. Winklhofer & Jaenicke AG, Siegmar-Schönau

Prospekt, 1935

Standard-
schreibmaschine
„Continental" mit
Linkszeilenschaltung,
Wanderer - Werke
Schönau bei Chemnitz

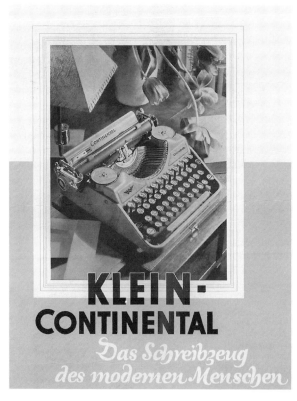

Prospektblatt der
Klein-
schreibmaschine
Continental, 1935,
Wanderer - Werke
Schönau bei Chemnitz

Titelseite einer Firmenschrift der Wanderer-Werke von 1913, aus der Sammlung von Heinrich Schweitzer

Continental- Schreibmaschine Größe I mit 24 cm breiter Schreibwalze, 1913

- **„Hassia"** **(1904)**, vierreihige Vorderaufschlag-Schreibmaschine
  Hersteller: Voelker & Co., Neu-Isenburg
- **„Regina"** **(1904)**, aus der „Germania" hervorgegangene Typenhebelschreibmaschine mit Vorderaufschlag und Universaltastatur. Die „Germania" (1898), auch als „Germania-Jewett" bezeichnet, trug später den Namen „Universal".
  Hersteller: Schilling & Krämer, Suhl
- **„Torpedo"** **(1907)**, Typenhebelschreibmaschine mit Vorderaufschlag. Diese Maschine wurde seit dem Jahre 1904 unter dem Namen „Hassia" angeboten.
  Herstellerfirma: Torpedo-Werke AG, später Weilwerke AG, Frankfurt-Rödelheim

Prospektblatt, 1933

Torpedo Schnell-
schreibmaschine,
1907, Preis 380 Mk,
Weilwerke AG
Frankfurt a. M.

Titelseite Torpedo-
prospekt, 1931,
Weilwerke AG
Frankfurt a. M.

Aus einer Firmenschrift der Weilwerke AG Frankfurt a. M. (Torpedo), 1907, mit der Bildunterschrift: „Reserve-Innenwagen in Verwendung". Bei dringender Geschäftspost wurde der vorangegangene Schreibvorgang unterbrochen und der neue Vorgang mit dem Reserve-Innenwagen weitergeführt. Danach erfolgte wiederum ein Tausch des Innenwagens und die Fortführung des vorhergehenden Schriftstücks. Vorteil: Vermeidung von Zeichen- und Zeilenversatz beim Wechseln des Papieres.

- **„Mercedes" (1907)**, vierreihige Vorderaufschlag-Schreibmaschine. Ab Modell 2 (1908) hat die Maschine den dreiteiligen Wagnerschen Underwood-Mechanismus.
  Hersteller: Anfangs Mercedes Büromaschinenwerke Berlin, ab 1908 Mercedes Büromaschinen-Werke AG, Zella-Mehlis

Mercedes Großschreibmaschine Modell Elektra SE 5, Mercedes Büromaschinenwerk AG i.Verw. Zella-Mehlis in Thüringen

- **„Liliput" (1907)**, Typenplatten-Kleinschreibmaschine mit Zeiger. Die Maschine hatte keine große Bedeutung.
  Hersteller: Deutsche Kleinschreibmaschinenwerke, München
- **„Norcia" (1907)**, vierreihige Schreibmaschine mit im Halbkreis schräg angeordneten Flachhebeln.
  Hersteller: Nürnberger Schreibmaschinenwerke Kührt & Riegelmann, Nürnberg
- **„Dea" (1908)**, vierreihige Vorderaufschlag-Schreibmaschine. Sie hieß kurze Zeit „Union".
  Hersteller: Maschinenfabrik vorm. Gust. Krebs, Halle
- **„Helios" (1908)**, zweireihige Typenradschreibmaschine mit 20 Tasten und dreireihigem Umschalter. Jede Taste trägt drei Aufschriften. Das Typenrad schlägt von vorn gegen die Walze. Die Einfärbung geschieht durch ein Farbband.
  Hersteller: Deutsche Kleinmaschinenwerke, München; ab 1914 A. Ney, Berlin

Helios Klimax,
A. Ney Berlin, 1917

- **„Wiedmer"** **(1908)**, erste deutsche 4reihige Kleinschreibmaschine
  Hersteller: Deutsche Schreibmaschinenfabrik H. Wiedmer & Co., Bruchsal
- **„Mentor"** **(1909)**, vierreihige Typenhebelschreibmaschine
  Hersteller: ursprünglich Metallindustrie AG, Schönebeck
- **„Minerva"** **(1909)**, Typenhebelschreibmaschine
  Hersteller: ursprünglich Deutsche Schreibmaschinenwerke, Oberhausen
- **"Thürey"** **(1909)**, Schreibmaschine mit Reformtastenfeld und Typenrad
  Hersteller: Thürey Schreibmaschinen GmbH, Köln
- **„Urania"** **(1909)**, Typenhebelschreibmaschine mit Vorderaufschlag
  Hersteller: Clemens Müller AG, Dresden
- **„Triumph"** **(1909)**, aus der „Norcia" hervorgegangene Typenhebelschreibmaschine mit Vorderaufschlag, Universaltastatur
  Hersteller: Triumph Werke AG, Nürnberg
- **„Picht"** **(1910)**, Typenradmaschine mit Tastatur für Blinde. Die Tasten besitzen erhabene Punkte der Braille-Schrift, der Text wird in Klarschrift wiedergegeben.
  Hersteller: Herde & Weimann, Berlin

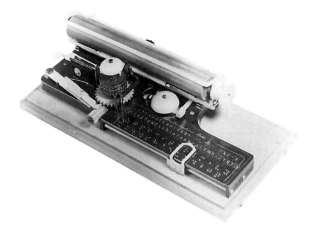

„Picht", zweite Typenradmaschine mit Tastatur von Oskar Picht

- **„Erika" (1910)**, erste deutsche Kleinschreibmaschine, mit doppelter Umschaltung, drei Tastenreihen. Erste zusammenklappbare deutsche Kleinschreibmaschine mit Typenhebeln und 30 Tasten, ab Modell 2 (1927) mit vierreihiger Tastatur. Hersteller: Seidel & Naumann, Dresden. Im Mai 1945 wurde das zerstörte Werk wieder aufgebaut. Die letzte mechanische Kleinschreibmaschine wurde 1991 in der Robotron Erika GmbH hergestellt.

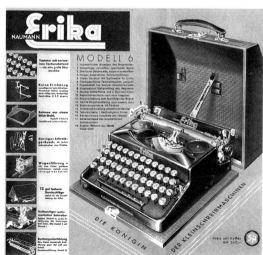

Kleinschreibmaschine Erika, 1935, damaliger Verkaufspreis 260 RM, A.G. vorm. Seidel & Neumann, Dresden

- **„Pionier"** **(1910)**, Blindenschreibmaschine mit Anschlagvorrichtung. Hersteller: Herde & Wendt, Berlin
- **„Titania"** **(1910)**, erste deutsche Schreibmaschine mit Kugellagern in den Typenhebeln
Hersteller: ursprünglich Mix & Genest, Berlin
- **„Meteor"** **(1911)**, erste dreireihige Reiseschreibmaschine
Hersteller: Sächsische Strickmaschinenfabrik Meteor, Dresden
- **„Perkeo"** **(1912)**, dreireihige, zusammenklappbare Kleinschreibmaschine mit 30 Schreibtasten, Nach 1912 erschien die Maschine unter dem Namen „Albus".
Herstellrechte hatte ab 1909 die Firma Clemens Müller AG, Dresden.

Reiseschreibmaschine Perkeo, 1912

- **„Senta"** **(1913)**, dreireihige Kleinschreibmaschine
Hersteller: Frister & Roßmann, Berlin
- **„Commercial"** **(1914)**, Typenhebelschreibmaschine
Hersteller: Commercial Schreibmaschinenfabrik K. Fr. Kührt. Nürnberg
- **„Kappel"** **(1914)**, Typenhebelschreibmaschine mit Vorderaufschlag, Universaltastatur
Hersteller: Maschinenfabrik Kappel GmbH, Chemnitz-Kappel

2

Die Zeit von 1919 bis zum Zweiten Weltkrieg

Nach dem Ersten Weltkrieg begann auch in Deutschland wieder die Herstellung von Schreibmaschinen. Viele alte und neue Firmen erschienen mit leistungsfähigen Maschinen auf dem Markt, den im wesentlichen die Amerikaner mit ihren Schreibmaschinen beherrschten.

Es wurden ab 1919 folgende Schreibmaschinen entwickelt:
- **„Culema" (1919)**, Vorderaufschlag-Schreibmaschine mit dreireihiger Tastatur
Hersteller: Gebr. Lehmann KG, Erfurt
- **„Rheinmetall" (1920)**, Schwinghebel-Schreibmaschine mit Wagnerantrieb,
Hersteller: Rheinmetall, Sömmerda
- **„Archo" (1920)**, Stoßstangenschreibmaschine
Hersteller: Archo Schreibmaschinen Company, Winterling & Pfahl, Frankfurt/Main
- **„Carmen" (1920)**, Typenhebelschreibmaschine mit dreireihigem Tastenfeld
- **„Diamant" (1921)**, dreireihige Kleinschreibmaschine
Hersteller: Diamant Schreibmaschinenfabrik GmbH, Frankfurt
- **„Excelsior" (1921)**, vierreihige Vorderaufschlag-Schreibmaschine; zunächst als „Norcia" herausgebracht
Hersteller: Schreibmaschinenfabrik AG, Augsburg
- **„Gisela" (1921)**, dreireihige Kleinschreibmaschine
Hersteller: Gisela Schreibmaschinenwerk Günther & Co., Berlin
- **„Odoma" (1921)**, vierreihige Vorderaufschlag-Schreibmaschine
Hersteller: ursprünglich Rowley & Kieser, Frankfurt
- **„Reliable" (1921)**, vierreihige Vorderaufschlag-Schreibmaschine
Hersteller: Reliable Schreibmaschinen GmbH, Nürnberg

- **„Rofa" (1921)**, dreireihige Schreibmaschine mit 29 vor der Walze stehenden Typenhebeln, doppelte Umschaltung. Anfangs wurde die Maschine mit rundem Tastenfeld hergestellt. Hersteller: Robert Fabrik GmbH, Rofa-Schreibmaschinengesellschaft mbH, Berlin, später Neuruppin

Rofa Schreibmaschine mit Farbpatrone und Docht-Färbung, 1921
Rofa Schreibmaschinengesellschaft m.b.H. Berlin W 15

Farbpatrone für Modell Rofa
Da die Farbbänder sehr hoch im Preis waren, wurde hier eine andere, bessere Art der Färbung (nach Auffassung des Herstellers), die Docht-Färbung angewandt. Das Röllchen der „Rofa" wird bei jedem Anschlag durch Berührung mit der betreffenden einzelnen Type gegen den Ausschnitt einer Farbpatrone, in der sich ein mit Farbe getränkter Docht befindet, geschwungen, wodurch die bei jedem Anschlag verbrauchte Farbmenge dem Farbröllchen durch das Anschlagen gegen den getränkten Docht sofort wieder zugeführt wird. Hierdurch wird eine immer gleichmäßige, äußerst sparsame Einfärbung erzielt.
Durchgesetzt hat sich diese Lösung letztendlich nicht.

- **„AEG/Olympia" (1921)**, Vorderaufschlag-Schreibmaschine mit Typenhebelmechanismus
  Hersteller: ursprünglich AEG Berlin; ab 1923 AEG Deutsche Werke AG, Erfurt; ab 1936 Olympia-Büromaschinenwerke AG, Erfurt; ab 1945 geteilt in Olympia-Werk Wilhelmshaven und VEB Optima Büromaschinenwerk Erfurt.

AEG Schreibmaschine, 1929

- **„Glashütte" (1922)**, Vorderaufschlag-Schreibmaschine mit vierreihiger Tastatur
  Hersteller: Kooperative „Glashütte", bestehend aus 36 Firmen unter der Stadtverwaltung, Schreibmaschinen-Industrie Glashütte GmbH, Glashütte

Glashütte, 1922-25, Kooperative „Glashütte" (bestehend aus 36 Firmen unter Stadtverwaltung)

- **„Orga"** (1922), Typenhebelschreibmaschine mit Vorderaufschlag
  Hersteller: ursprünglich Bing-Werke AG, Nürnberg, später Orga-Aktiengesellschaft, Berlin
- **„Protos"** (1922), dreireihige Stoßstangen-Schreibmaschine
  Hersteller: Zimmer, Zinke & Co., Frankfurt
- **„Senator"** (1922), vierreihige Vorderaufschlag-Schreibmaschine
  Hersteller: Deutsche Munitionsfabrik Walbinger, Ober-Ramstadt
- **„Aviso"** (1923), dreireihige Vorderaufschlag-Schreibmaschine
  Hersteller: Otto Schefter, Berlin
- **„Cardinal"** (1923), vierreihige Vorderaufschlag-Schreibmaschine
  Hersteller: Uhrenfabrik D. Furtwängler Söhne, Furtwangen
- **„Fortuna"** (1923), Vorderaufschlag-Schreibmaschine mit vierreihiger Tastatur und sechsgliedrigem Royalantrieb
  Hersteller: J. P. Sauer, Suhl
  Die Schreibmaschine wurde zunächst von der Firma „Stolzenberg" vertrieben und führte den Namen „Stolzenberg-Fortuna".
- **„Venus"** (1923), vierreihige Vorderaufschlag-Schreibmaschine
  Hersteller: Venuswerke, Müller & Zentsch, Neugersdorf/Sa.
- **„Monica"** (1923), vierreihige Kleinschreibmaschine
  Hersteller: ursprünglich Bauchwitz-Pscherer AG, Leipzig
- **„Phönix"** (1924), vierreihige Vorderaufschlag-Schreibmaschine
  ehemals Standardschreibmaschine „Reliable", verbessertes Modell ab 1924
  Hersteller: Hegeling-Werke, Eitorf/Sieg
- **„Merz"** (1924), Typenhebelschreibmaschine mit dem Aussehen einer Kleinschreibmaschine
  Hersteller: Merz-Werke Frankfurt/Main
- **„Groma"** (1924), vierreihige Vorderaufschlag-Schreibmaschine
  Hersteller: Maschinenfabrik G. F. Grosser, Markersdorf, Chemnitztal
- **„Geniatus"** (1924), Zeigerschreibmaschine mit Typenschiffchen statt einem Typenrad. Die Typen sind halbkreisförmig

in drei Reihen auf einer Gummiplatte angeordnet. Doppelte Umschaltung durch Anheben des Wagens. Die Maschine besitzt ein Farbband.. Andere Namen: „Famos", „Geka", „Gloria".
Hersteller: Gustav Tietze AG, Leipzig
- **„Gundka" (1924)**, Eintaster-Schreibmaschine mit Typenrad
  Hersteller: Gundka-Werk GmbH, Brandenburg
- **„Imperator" (1924)**, Vorderaufschlag-Schreibmaschine
  Hersteller: Hegeling-Werke AG, Eitorf/Sieg
- **„Lignose" (1924)**, dreireihige Vorderaufschlag-Schreibmaschine
  Hersteller: A. G. Lignose, Berlin
- **„Bing" (1927)**, vierreihige Schreibmaschine mit Stahltypen
  Hersteller: Bingwerke AG, Nürnberg
- **„Helma" (1927)**, vierreihige Typenhebel-Schreibmaschine mit Vorderaufschlag
  Hersteller: Ludwig Dreyer, Nürnberg
- **„Carissma" (1934)**, Eintaster-Schreibmaschine mit Typenrad, welches aufrecht vor der Schreibwalze steht
  Hersteller: Knaur-Hübel & Denk, Leipzig, später Strangfeld, Berlin

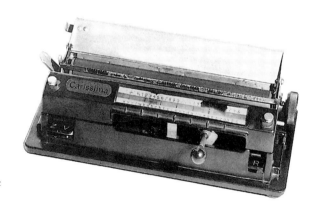

Carissma, 1934,
Th.Knaur-Hübel &
Denk, Leipzig

3

Die Nachkriegszeit bis zur Gegenwart

Von den im Laufe der Entwicklung in Deutschland entstandenen Schreibmaschinenfabriken waren im Jahre 1938 noch 18 Firmen in Betrieb. Der Zweite Weltkrieg brachte einen Niedergang der deutschen Schreibmaschinenproduktion unvorstellbaren Ausmaßes. Von Kriegsbeginn an wurde die Herstellung eingeschränkt. Der Maschinenpark fand für andere, kriegswichtige Produktionen Verwendung. Viele Fabrikanlagen wurden im Verlauf des Krieges durch feindliche Luftangriffe zerstört oder fielen nach dem Kriege der Demontage zum Opfer.

Dann zerriß der Eiserne Vorhang die organisch gewachsene deutsche Industrie in zwei ungleiche Teile, was sich besonders auf dem Gebiet der Schreibmaschinenerzeugung auswirkte, da vor dem Krieg die Schreibmaschinenproduktion überwiegend in Thüringen, Sachsen und Berlin zu Hause war.

- **„Rheinmetall"** (1945), verschiedene Modelle mit erheblichen Verbesserungen
  Hersteller; Rheinmetall, Sömmerda
- **„Adler"** (1945), Standardschreibmaschine, mehrere Modelle, Kleinschreibmaschinen
  Hersteller: Adler-Werke, Frankfurt/Main
- **„Orbis"** (1947), Kleinschreibmaschine mit Schwinghebeln und Vorderaufschlag
  Hersteller: Orbis Büromaschinenwerke GmbH, Wilhelmshaven. Die Firma wurde 1954 als Olympia-Werke AG, Wilhelmshaven, umfirmiert.
- **„Olympia"** (1947), verschiedene Standard-Modelle, auch Kleinschreibmaschinen; später elektrisch angetriebene und elektronisch gesteuerte Schreibmaschinen, auch Kugelkopfschreibmaschinen mit 92 Schriftzeichen

Olympia Kugelkopfschreibmaschine mit 92 Schriftzeichen, wählbare Buchstabenteilung, elektrisch angesteuertes Schreibwerk

Hersteller: zunächst Olympia-Werke, Erfurt; ab 1947 in Wilhelmshaven
- **„Prinzess" (1948)**, Reiseschreibmaschine
  Hersteller: Keller & Knappich GmbH, Augsburg
- **„Gossen-Tippa" (1949)**, Kleinschreibmaschine
  Hersteller: P. Gossen & Co. GmbH, Erlangen
- **„Juwel" (1949)**, Kleinschreibmaschine
  Hersteller: Juwel-Schreibmaschinen GmbH, Köln-Rodenkirchen
- **„Passat" (1950)**, Standardschreibmaschine mit Wagnerantrieb
  Hersteller: Feinmechanik GmbH, Hamburg
- **„Siemag" (1950)**, verschiedene Modelle einer Büroschreibmaschine mit Segmentumschaltung
  Hersteller: Siemag Feinmechanische Werke, Eiserfeld
- **„Torpedo" (1950)**, Standardschreibmaschine in verschiedenen Modellen, auch Kleinschreibmaschinen
  Hersteller: Torpedo-Werke, Frankfurt/Main
- **„Triumph" (1950)**, Standardschreibmaschine in verschiedenen Modellen, auch Kleinschreibmaschinen wie „Norm", „Perfekt", „Durabel" und „Gabriele"
  Ab 1957 vereinigten sich die Triumph-Werke, Nürnberg, mit dem Adler-Werk, Frankfurt, zur Firmengruppe „Triumph-Adler".
  Hersteller: Triumph-Werke Nürnberg AG, Nürnberg

- **„Alpina" (1951)**, Kleinschreibmaschine
  Hersteller: Alpina Büromaschinenwerke GmbH, Kaufbeuren
- **„Voss" (1952)**, Kleinschreibmaschine
  Hersteller: Voss & Co., Wuppertal
- **„Diana" (1952)**, Kleinschreibmaschine
  Hersteller: Royal Schreibmaschinen AG, Nürnberg, ab 1952 in Mannheim
- **„IBM Standard" (1952)**, elektrisch angetriebene Typenhebelschreibmaschine. Spätere Modelle „IBM Executive" mit proportionalem Buchstabenschritt. 1962 IBM 72 mit Typenkugel, 1970 IBM 82 (Schreibschrittwahl), 1973 IBM 82 C (Annuliertaste) sowie IBM 96 C (erweiterte Tastatur)
  Hersteller: IBM Deutschland, Werk Berlin

IBM 72, Kugelkopfschreibmaschine

- **„Brosette" (1953)**, Kleinschreibmaschine
  Hersteller: Metallwerk Max Brose & Co., Coburg
- **„Erika" (1954)**, Kleinschreibmaschine, auch als „Daro/Erika" auf dem Markt
  Hersteller: VEB Kombinat Zentronik, Dresden; ab 1988 VEB Robotron-Optima Büromaschinenwerk, Erfurt.

„Erika 20",
VEB Schreib-
maschinenwerk
Dresden

Elektronische
Kleinschreibmaschine
„Erika 30", ab 1988
VEB Robotron-
Optima Büro-
maschinenwerk
Erfurt

- **„ABC" (1955)**, Kleinschreibmaschine
  Hersteller: Kochs Adlernähmaschinen AG, Bielefeld
- **„Starlet" (1958)**, Kleinschreibmaschine mit Kippwagenum-
  schaltung
  Hersteller: Heinrich Dankers, Hamburg

- **VEB Mechanik**
In der sowjetischen Besatzungszone überführte man nach Kriegsschluß die Schreibmaschinenwerke in das Volkseigentum und vereinigte sie zum VEB Mechanik, und zwar:
a) Seidel & Naumann, Dresden („Erika" und „Ideal"), Clemens Müller AG, Dresden als *Schreibmaschinenwerk Dresden*
b) Olympia-Büromaschinen Werke AG, Erfurt („Olympia")als *VEB Optima Büromaschinenwerk Erfurt*
c) Rheinische Metallwaren- und Maschinenfabrik Sömmerda („Rheinmetall") als *Büromaschinenwerk Sömmerda*

Optima, chinesisch (Sonderanfertigung), 1953, VEB Optima Büromaschinenwerk Erfurt

Kleinschreibmaschine „Kolibri" Luxus, 1960, VEB Groma Büromaschinen Markersdorf

d) Wanderer-Werke AG, Siegmar-Schönau („Continental") als *Büromaschinenwerk Wanderer*, Siegmar-Schönau
d) Maschinenfabrik G. F. Großer, Markersdorf („Groma") als *VEB Groma Büromaschinen*, Markersdorf

Die Mercedes-Büromaschinen Werke AG, Zella-Mehlis, kamen unter besondere Verwaltung, da sie seit 1930 zum amerikanischen Underwood-Elliott-Fisher-Konzern gehörten.

- **Kombinat Zentronik**

1969 gingen die Schreibmaschinenbetriebe im Kombinat Zentronik auf. Die Maschinen wurden unter der Bezeichnung „daro" (Datenverarbeitung, Automatisierung, Rationalisierung, Organisation) einige Zeit vertrieben.

Modell 202 (elektrischer Antrieb), ab 1973, VEB Optima Büromaschinenwerk Erfurt

Elektronische Schreibmaschine robotron S 6001, ab 1979, VEB Robotron-Optima, Büromaschinenwerk Erfurt

Viele der oben genannten Schreibmaschinenproduktionen wurden bald wieder eingestellt. Im Zuge der Entwicklung elektrischer Schreibmaschinen war das Ende der Produktion von handbetriebenen Standardschreibmaschinen abzusehen. Einige Firmen entwickelten elektrisch angetriebene Schreibmaschinen und nach der Erfindung der Speichereinheiten auch elektronisch gesteuerte Schreibmaschinen. Nach der Weiterentwicklung der Computer war abzusehen, daß die Schreibmaschinenproduktion bald eingestellt wird. Mitte der 80er Jahre gab es nur noch wenige Schreibmaschinenhersteller. Und damit geht die über Jahrhunderte reichende Ära der Schreibmaschinenproduktion zu Ende.

**Vorbei die gute alte Zeit, ade.
Heut' schreibt man leicht mit dem PC.**

3 Tastaturen im Wandel der Jahrhunderte

1

Der amerikanischen Setzkasten als Pate

Nach der Erfindung des Buchdrucks durch Gutenberg im Jahre 1446 war es der Wunsch der Menschen, das mühsame und zeitraubende Schreiben mit der Hand durch ein Gerät zu ersetzen. Von der Eingabe der Zeichen bei Schreibapparaten aus früheren Zeiten bis zur Entwicklung der Tastatur bei Schreibmaschinen und Computern war ein langer Weg. Es hat viele Versuche gegeben, und es wurden verschiedene Arten der Texteingabe erfunden. Sie führten anfangs über die Dateneingabe durch Räder, die eine Vielzahl von Handbewegungen erforderte, allmählich zu unterschiedlichen Tastaturformen.

Die technischen Kenntnisse des 19. Jahrhunderts waren der Ausgangspunkt für die Konstruktion der heutigen Tastaturen. Sholes und Glidden hatten - wie im ersten Teil dieses Buches dargestellt - 1873 bei der Entwicklung der Schreibmaschine auch den Grundstein für ein geeignetes Tastenfeld gelegt. Es ist denkbar, daß sie bei ihren ersten Schreibmaschinenmodellen die Schriftzeichen in der gleichen Folge wie beim amerikanischen Setzkasten anbrachten. Man sprach auch vom „Setzkasten-Tastenfeld".

Der amerikanische Setzkasten

2

Tastenanordnungen

Im Laufe der Entwicklung von Schreibmaschinen suchten die Konstrukteure nach einer geeigneten Tastatur. Es gab unterschiedliche Tastenanordnungen. Die Remington hatte ursprünglich die Urtastatur. Ab 1888 gab es die Universal- oder Normaltastatur. Von dieser Tastatur abweichende Arten werden als Idealtastatur bezeichnet. Ab 1928 legte der Normenausschuß für deutsche Schreibmaschinen die Tastatur nach DIN 2112 fest.

Tastatur der „Hansen"-Schreibkugel, 1867

Tastatur der Caligraph (neu), 1880

Nach Art der Tastaturbelegung und Umschaltung unterscheidet man:
- *Halbtastatur:* einfache Umschaltung, jeder Typenkörper hat zwei Zeichen
- *Dritteltastatur:* doppelte Umschaltung, jeder Typenkörper hat drei Zeichen
- *Vierteltastatur:* dreifache Umschaltung, jeder Typenkörper hat vier Zeichen
- *Sechsteltastatur:* fünffache Umschaltung, jeder Typenkörper hat sechs Zeichen

Sholes kam von der ursprünglich zweireihigen Tastatur zur vierreihigen. Die Anlage der Buchstaben bestand anfänglich in alphabetischer Reihenfolge. Dann erkannte Sholes die Notwendigkeit, die am häufigsten gebrauchten Buchstaben in den Bereich der stärksten Finger zu setzen. Anfänglich wurden nur Großbuchstaben geschrieben. Erst die Remingtonfabrik brachte mit dem Modell 2 die Wagenumschaltung und damit die Möglichkeit, sowohl Großbuchstaben als auch Kleinbuchstaben zu schreiben. Diese Universaltastatur mit anfänglich 38 und 40 Tasten genügte zwar für die englische Sprache, aber für den Export der Schreibmaschinen nach Europa reichte das nicht aus.

1888 wurde bei einem Stenographenkongreß in Toronto die „Universaltastatur" festgelegt und ab 1890 ein Überseemodell

Hammond - Idealtastatur, 1881

Fitch - Idealtastatur, 1891

mit 42 Tasten eingeführt. Das Universaltastenfeld verbreitete sich mit der Schreibmaschine über die ganze Welt.

Das Universaltastenfeld hatte in Deutschland und in vielen anderen Ländern viele Widersacher. Man suchte nach geeigneteren Zeichenfolgen. Weniger gebrauchte Buchstaben und Zeichen kamen in die obere Tastenreihe. Die viel gebrauchten Buchstaben waren fast unverändert im Mittelpunkt geblieben. Auch in anderen Ländern wurden Versuche gemacht, ein der Landessprache angepaßtes Tastenfeld zu schaffen. Wo Versuche gemacht wurden, es durch Besseres zu ersetzten, kam man bald wieder davon ab. Man schreibt nach wie vor mit dem Universaltastenfeld, und die Millionen Maschinenschreiber und Schreiber auf Computertastaturen werden es auch weiter tun.

Es gab jahrzehntelang Schreibmaschinen mit Universaltastenfeld in drei Ausführungen: mit vollem Tastenfeld, mit doppelter und einfacher Umschaltung. Von diesem ist das Volltastenfeld mit 6 - 8 Tastenreihen seit Anfang der zwanziger Jahre verschwunden. Maschinen mit doppelter Umschaltung und auch Typenradschreibmaschinen mit wenigen Tasten spielten einmal eine bedeutende Rolle. Die Herstellung dieser Maschinen wurde aber bald aufgegeben. Seit dieser Zeit ist die Maschine mit vierreihigem Tastenfeld alleinherrschend.

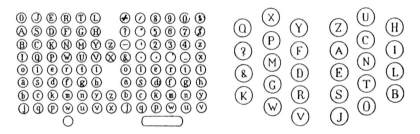

Duplextastatur, 1892   Thürey, 1909

Von den Umschaltmaschinen mit geschweiften Tastenreihen und halbrundem Tastenfeld, Maschinen, bei denen die Tasten in unterschiedlichen Richtungen angebracht waren, ist nichts mehr übriggeblieben.

Schreibmaschinen, die für Europa bestimmt waren, erforderten 42 Tasten. Der Übergang zu 42 und mehr Tasten wurde später unumgänglich. Fachleute und Wissenschaftler haben im Laufe der Zeit Nachteile der Universaltastatur festgestellt und Vorschläge für eine Idealtastatur gemacht. Aber diese Vorschläge führten nicht dazu, entscheidende Änderungen an der Tastatur vorzunehmen. Eher scheint eine Tastatur Vorteile zu bringen, die Fachleute als Ergo-Tastatur bezeichnen. Die Tastatur hat ein unterteiltes Tastenfeld, wie dies an der Rheinmetall Herold aus dem Jahre 1934 bereits vorhanden war. Das Besondere an dieser Tastatur ist die Teilung in zwei Hälften und die Abwinkelung des Tastenfeldes. Die Trennlinie führt entlang der Ziffer 6 und der Zeichen t, g und b. Die Abwinkelung der Halbtastatur beträgt ca. 15 Grad, die dachgiebelförmige Neigung der beiden Tastenblöcke etwa 5 Grad, der frontale Neigungswinkel ist etwa 7 Grad. Als Tastenweg ergibt sich ein Maß von ca. 4 cm. Der Editierbereich befindet sich bei der Ergotastatur zwischen den beiden Tastenblöcken.

Heute sind in Deutschland die Tastaturen an Schreibmaschinen und Arbeitsplatzcomputern in der DIN-Norm 2137 festgelegt.

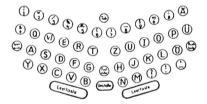 

Rheinmetall mit Daumenschaltung, 1934   Moderne Ergo-Tastatur

Die Tastatur wird sicherlich auch in Zukunft nicht voll ersetzt werden können. Bei verschiedenen Textverarbeitungsprogrammen erfolgt durch eine Maus oder ein anderes Zeigergerät eine Unterstützung in der Menüführung. Somit wird der Anwender bei der Eingabe entlastet. Inwieweit sich Spracheingabemodule bei Computern in Zukunft entwickeln, wird sich zeigen.

4 Die Übergangsperiode zwischen Schreibmaschine und Computer

1

Schreibmaschinen mit einer Textanzeigeeinrichtung

Bei Schreibmaschinen mit Anzeigeeinrichtung (Display) können je nach Schreibmaschinenmodell zwei bis drei Betriebsarten gewählt werden. Je nach Einstellung wird der über die Tastatur eingegebene Text sofort ausgedruckt. Bei einer anderen Betriebsart erscheint der eingegebene Text im Display und wird sofort gedruckt. Bei einer dritten Betriebsart steht der Text im Display. Er kann korrigiert werden, und erst beim Betätigen der Zeilenschalttaste wird der Druck ausgelöst. Schreibmaschinen mit einer Textanzeigeeinrichtung werden heute nicht mehr hergestellt.

2

Schreibmaschinen mit Bildschirmergänzung

An einigen elektronisch gesteuerten Schreibmaschinen kann ein Bildschirm angeschlossen werden. Diese Kombination Schreibmaschine/Bildschirm ermöglicht das wahlweise Schreiben im Schreibmaschinen- oder Bildschirmbetrieb. Der Bildschirm ist eine optische Kontrolle für alles, was über die Schreibmaschine in den Universalspeicher eingegeben oder abgerufen wird. Ein Programmspeicher enthält das Arbeitsprogramm. Auch diese Schreibmaschine/Bildschirm-Kombination wurde bald durch die rasante Weiterentwicklung der elektronischen Schreibtechnik verdrängt.

Schreibmaschine mit Bildschirmergänzung

3

Textsysteme

Textsysteme sind Geräte für die Ein- und Ausgabe von Text für die Textverarbeitung nach DIN 2140. Diese Geräte werden häufig auch als „Text-" oder „Schreibautomaten" bezeichnet. Die Norm DIN 2140 wurde inzwischen zurückgezogen.

Im Gegensatz zur elektronisch gesteuerten Schreibmaschine setzt sich das Textsystem aus mehreren Elementen zusammen, zumeist aus
- einem Bildschirm,
- einer separaten Tastatur,
- dem Rechner,
- zusätzlichen Speichereinheiten und
- einem Drucker.

Die Software, ohne die auch ein Textautomat nicht wirksam arbeiten kann, wird direkt vom Hersteller in das Gerät eingebaut. Texte können gespeichert werden. Am Bildschirm werden Korrekturen und Textumgestaltungen, Tabellenerstellung usw. durchgeführt. Der druckreife Text wird über den Drucker mit hoher Geschwindigkeit ausgegeben.

Da Textsysteme nur das rechnergestützte Schreiben ermöglichten, waren sie nicht universell genug einsetzbar. Sie wurden bald abgelöst durch den Personalcomputer, der mit verschiedenen Programmen ausgerüstet ist und fast alle Aufgaben aus Wirtschaft und Verwaltung erfüllen kann.

Moderne Textverarbeitung mit Personalcomputer und Ergo-Tastatur

Nachwort

Wie Schriftsteller und Redakteure ihre Manuskripte anfertigen

Er sitzt vor seiner Schreibmaschine, starrt auf das eingespannte leere Blatt Papier und wartet auf den Gedankenblitz. Ist das der Schriftsteller und Redakteure von heute?

Es gibt sicher noch viele, die ihre Manuskripte mit der Hand schreiben und sie später von einer Schreibkraft abtippen lassen. Andere diktieren gleich in die Maschine, und wiederum andere verwenden ein Textsystem, um ihre Manuskripte in einem druckreifen Zustand einem Verlag oder der Zeitung zu übergeben.

Der Schriftsteller von gestern

Der erste, der seine Manuskripte mit einem Durchschlag an seinen Verleger schickte, war der nordamerikanische Schriftsteller Mark Twain (1835 - 1920). Er sah 1874 in einem Laden eine Schreibmaschine mit dem Namen „Typewriter" und kaufte sie für 125 Dollar.

Mit der Zeit wurden es immer mehr, die ihre Werke mit der Schreibmaschine zu Papier brachten. Der Stil dieser Schriftstellergeneration war typisch: kurze und einfache Sätze und klare Gedankenführung. Die Schreibmaschinenschrift objektivierte alles Geschriebene und hob es aus der Privatsphäre der persönlichen Handschrift ab. Das war auch oft der Grund, weshalb Privatbriefe nicht mit der Schreibmaschine geschrieben wurden. Mit Hilfe der Tastatur wurde die Sprache optisch ausgebreitet und war in ihren Elementen sofort verfügbar. Der Schriftsteller als Dichter, Setzer und Drucker in einem geht nun daran, die typografischen Möglichkeiten, die ihm die Schreibmaschine darbietet, voll auszunutzen. Ein Textsystem oder ein Personalcomputer mit einem guten Textverarbeitungs- und Rechtschreibprogramm ist für viele Schriftsteller und Redakteure genau das Werkzeug, das sie für ihre Arbeit brauchen. Das macht das schriftliche Fixieren der Gedanken leichter. Daraus läßt sich auch eine Produktivitätssteigerung ableiten.

Literatur und Bildverzeichnis

Literatur

Friedrich Müller: Schreibmaschinen vor 1900; Papier-Zeitung Carl Hofmann, Berlin, 1900.

Karl Lang, Alwin Krüger: Handbuch des Maschinenschreibens; Winklers Verlag Darmstadt, 1936.

Ernst Martin: Die Schreibmaschine und ihre Entwicklungsgeschichte; Verlag Basten, Aachen, 1949.

A. Baggenstos: Von der Bilderschrift zur Schreibmaschine; Graphische Betriebe Zürich, 1977.

Alfred Waize: Peter Mitterhofer und seine fünf Schreibmaschinen-Modelle; Heckners Verlag Wolfenbüttel, 1978.

Dr. W. Kunzmann: Hunderte Jahre Schreibmaschinen im Büro; Merkur Verlag Rinteln, 1979.

Alfred Waize: Übersicht über die wichtigsten Daten historischer Schreibapparate und Schreibmaschinen; Teil I. Von den Anfängen bis 1899; Heft 4 der Schriftenreihe der Forschungsstätte Bayreuth, 1979.

Annegret Schüle: BWS Sömmerda - Die wechselvolle Geschichte eines Industriestandortes in Thüringen 1816 - 1995; DESOTRON-Verlagsgesellschaft Erfurt, 1995.

Bilder

Seite 7:
Mit freundlicher Genehmigung von Willibald Gatzke, Kassel.

Seiten 17 und 33:
Technisches Museum, Wien.

Seite 19:
Heimatmuseum in Neuchâtel, Schweiz.

Seite 81:
Mit freundlicher Genehmigung von Winklers Verlag, Darmstadt.

Seiten 74, 83-88, 90-103, 107-131:
Archiv der historischen Sammlung - Robotron Büromaschinenwerk AG, Sömmerda.

Verbleibende Bilder:
Bilderarchiv des Autors.